高校艺术研究论著丛刊

弘扬求是精神，打造学术研究精品
提升创新能力，促进学术交流发展

College Treatise Series in Art

中国古建筑艺术
理论与设计方法研究

Zhongguo Gujianzhu Yishu
Lilun Yu Sheji Fangfa Yanjiu

李晨 著

中国书籍出版社
China Book Press

图书在版编目（CIP）数据

中国古建筑艺术理论与设计方法研究/李晨著.—
北京：中国书籍出版社，2016.3
ISBN 978-7-5068-5466-5

Ⅰ.①中… Ⅱ.①李… Ⅲ.①古建筑－建筑艺术－
研究－中国②古建筑－建筑设计－研究－中国
Ⅳ.①TU－092.2②TU2

中国版本图书馆 CIP 数据核字（2016）第 052843 号

中国古建筑艺术理论与设计方法研究

李　晨　著

丛书策划	谭　鹏　武　斌
责任编辑	李　新
责任印制	孙马飞　马　芝
封面设计	马静静
出版发行	中国书籍出版社
地　　址	北京市丰台区三路居路 97 号（邮编：100073）
电　　话	（010）52257143（总编室）　（010）52257140（发行部）
电子邮箱	chinabp@vip.sina.com
经　　销	全国新华书店
印　　刷	三河市铭浩彩色印装有限公司
开　　本	710 毫米×1000 毫米　1/16
印　　张	17.25
字　　数	224 千字
版　　次	2016 年 11 月第 1 版　2016 年 11 月第 1 次印刷
书　　号	ISBN 978-7-5068-5466-5
定　　价	52.00 元

版权所有　翻印必究

前 言

　　中国是一个文明古国，有着悠久的建筑历史，而且自成体系，与欧洲建筑、伊斯兰建筑并称为世界三大建筑体系。到21世纪的今天，仍有完整的传统建筑或遗址留存。秦砖汉瓦、隋唐寺塔、宋元祠观、明清皇宫向我们展现了悠久的建筑文化；皇家苑囿、私家园林、牌坊陵墓、城池坛庙向我们展示了丰富的建筑形式；而传统建筑中数量最多、分布最广的建筑形式——民居，更是向我们展示了中国民众旧时的生活方式、喜好信仰、民俗文化和聪明才智。如何继承和发展祖国丰富的传统建筑文化是摆在建筑行业的一大重要课题，为了进一步分析和解决这个问题，笔者撰写了《中国古建筑艺术理论与设计方法研究》一书，编写时尽量使之既具理论参考意义，又具实践指导意义，以期能保护民族文化，弘扬民族文化，使传统建筑文化大放光彩。

　　本书分为理论与实践两大部分，理论部分主要论述中国古建筑的艺术内容、艺术特征、发展历程与类型，同时还对古建筑的布局方法、造型手段进行归纳；实践部分主要论述（大）木作、石作、斗栱作、油漆作、彩画作等几大内容，剖析它们的材料选取（配置）以及作法，同时，还对仿古建筑设计的要点、施工要点及制图、测绘进行总结，最后对中国古建筑设计实例进行分析。这些内容不管对于古代建筑的保护、修复、重建设计，还是对于仿古建筑设计均具有实际的指导意义。

　　本书主要具有以下两大特色。

　　学术性强。首先，注重内容的归纳，例如，分析古建筑的特征是站在文化、审美、功能、结构取法，以及中国建筑当中特有的师徒传授等角度来进行诠释的,单单从文化特征中就归纳了传统儒家、道家、佛教文化对建筑的影响,文化形态与建筑之间的联系等。再比如,论述中国古代建筑的发展历程,就总结了各时期建筑发展的前后继承性,以及各时期呈现出来的特色与发展状况,并对该时期的建筑特点进行归纳。其次,本书注重方法论的指导,涉及平面布局、造型设计、结构设计、细部设计等。

图文并茂。图片可以弥补文字所缺乏的生动性和形象性,可以抓住读者的视觉,进而引导读者深入研读传统建筑,达到普及传统建筑知识,弘扬传统文化的目的。

本书在撰写过程中,参考和借鉴了许多学者的研究成果,并借鉴了一些学者著作的一些图片,在此一并表示感谢。由于时间仓促,加上篇幅所限,笔者在撰写时只是选取了部分具有代表性的传统建筑,远远不能全面反映我国博大精深的传统建筑艺术,只望在继承和发展祖国丰富的传统建筑文化方面略尽绵薄之力。本书有不妥之处,敬请专家、同行和各位读者指正。

作 者
2016 年 1 月

目 录

第一章　中国古建筑概述 …………………………………… 1

第一节　中国古建筑艺术内容及艺术特征 ………………… 1
第二节　中国古建筑的发展 ………………………………… 8
第三节　中国古建筑的类型 ………………………………… 37

第二章　不同功能类型的中国古建筑 ………………………… 44

第一节　城镇建筑 …………………………………………… 44
第二节　园林建筑 …………………………………………… 50
第三节　民居建筑 …………………………………………… 55
第四节　宗教建筑 …………………………………………… 61
第五节　庙坛与陵墓建筑 …………………………………… 66
第六节　其他建筑 …………………………………………… 71

第三章　中国古建筑的各项构造与施工工程 ………………… 83

第一节　木作 ………………………………………………… 83
第二节　石作 ………………………………………………… 90
第三节　斗栱作 ……………………………………………… 93
第四节　油漆作 ……………………………………………… 104
第五节　彩画作 ……………………………………………… 117

第四章　中国古建筑的布局造型艺术 ………………………… 130

第一节　古建筑的布局方法 ………………………………… 130

第二节　古建筑的造型手段……………………… 151
第五章　仿古建筑的建造要点……………………………… 176
　　第一节　仿古建筑的设计要点……………………… 176
　　第二节　仿古建筑的施工要点……………………… 205
第六章　中国古建筑的设计实践……………………………… 219
　　第一节　中国古建筑的制图与测绘………………… 219
　　第二节　中国古建筑各构造组成的实训…………… 226
　　第三节　中国古建筑设计实例……………………… 250
参考文献……………………………………………………… 263

第一章 中国古建筑概述

辉煌灿烂、丰富多彩的中国古代建筑是中华文化遗产极其重要的组成部分,不仅风格独具,而且博大精深,源远流长。从发端到今天,中国建筑大约已经走过了八千年的发展历程,取得了很高的技术和艺术成就。为此,本章首先对中国古代建筑的时间进行界定,然后对中国古代建筑的文化、艺术特征,发展历程,以及丰富多样的建筑类型进行归纳。

第一节 中国古建筑艺术内容及艺术特征

一、中国古建筑艺术内容

古代建筑是指一定区域内的人们在某一历史时期所创造的建筑物,它具有鲜明的地域性、时代性、科学性和艺术性。

(一)中国古建筑时间界定

建筑艺术伴随着建筑的产生而产生。中国古代建筑自先秦至19世纪中叶以前基本上是一个封闭的、独立的体系,中国建筑具有独立审美价值的特征形式和风格,两千多年间变化不大,通称为中国古代建筑艺术。

(二)中国古代建筑的文化

1. 风水文化

历史上最先给风水下定义的是晋代的郭璞,他在《葬书》中说:"葬者,乘生气也。夫阴阳之气,噫而为风,升而为云,降而为雨,行乎地中而为生气,行乎地中发而生乎万物。……气乘风则散,界水则止。古人聚之使不散,行之使有止,故谓之风水。""风水之法,得水为上,藏风次之。"清人范宜宾为《葬书》作注:"无水则风到而气散,有水则气止而风无,故风水二字为地学之最,而其中以得水之地为上等,以藏风之地为次等。"即风水是古代一门有关生气的术数,只有在避风聚水的情况下才能得到生气。

中国早在先秦就有相宅活动,其中涉及陵墓称阴宅,涉及住宅称为阳宅。先秦相宅没有什么禁忌和太多迷信色彩,逐步发展成一种术数。汉代出现了以堪舆为职业的术士,民间常称以堪舆为职业的术士为地理先生,有许多堪舆著作也径直冠以"地理"之名。汉代是一个充斥禁忌的时代,有时日、方位、太岁、东西益宅、刑徒上坟等各种禁忌,出现了《移徙法》《图宅术机》《堪舆金匮》《论宫地形》等有关风水的书籍。较有影响的是青乌子撰写的《葬经》,被后世风水师奉为宗祖。

魏晋产生了管辂、郭璞这样的宗师。管辂是三国时期平原术士,占墓有验而闻名天下。现在流传的《管氏地理指蒙》就是托名于管辂而作。郭璞的事迹更加神奇,在《葬书》注评中有详细介绍。南齐时,相地最有名的是萧吉,撰有《相地要录》等书。

唐朝时期,一般有文化者都懂得一些风水,出现了张说、浮屠泓、司马头陀、杨筠松、丘延翰、曾文遄等一大批风水名师。其中以杨筠松最负盛名,他把宫廷的风水书籍挟出,到江西一带传播,弟子盈门。当时,风水在西北也比较盛行,敦煌一带有许多风水师,当地流传一本《诸杂推五胜阴阳宅图经》,书中提倡房屋向阳、居高、邻水的原则。

宋代宋徽宗相信风水，老百姓普遍讲究风水。宋代的风水大师极多，赖文俊、陈抟、吴景鸾、傅伯通、徐仁旺、邹宽、张鬼灵、蔡元定、厉伯韶等都很有名。传闻明代刘基最精于风水，有一本《堪舆漫兴》就是托名于他。

纵观历史，先秦是风水学说的孕育时期，宋代是盛行时期，明清是大范围扩散时期。风水学在旧中国大有市场。1949年新中国成立后，尤其是"文化大革命"期间，风水学说在理论上受到沉重打击，实践中却还不断偶有运用。近年随着国内外对建筑风水的探讨及实践，这门古老学说重新引起学术界的重视与研究。

2. "礼"文化

(1)"以大称威"

春秋末年，伟大的思想家、道家创始人老子在《道德经》中说道："道大，天大，地大，王大。域中有四大，而王居其一焉。"东汉的文字学家许慎在《说文解字》中说："皇，大也。"在古代的传统思想中，"王"之所以"大"，是因为"王"与"天"联系在一起，认为其权力是神授予的，其行为代表着天的意志，从而皇帝的权力是至高无上的。因此，凡是与帝王有关的建筑群都建造得非常雄伟、阔大、金碧辉煌，这使得我国现存的许多古建筑在世界建筑史上都具有赫赫显著的地位。但还须说明一下，我国传统建筑之大，并不是以单体建筑的形式来显示其大，而是以建筑群的形式出现，如北京故宫号称有建筑9999间半之多，为天下之最。

(2)"以中为尊"

"以中为尊"在华夏文化形成与政治形态体系中是一大特色。《荀子·大略》说："王者必居天下之中，礼也。"《吕氏春秋》说："择天下之中而立国，择国之中而立宫。"在五行学说中，东、南、西、北、中，乃以"中"为最尊。"以中为尊"思想的形成，固然与中央集权统治制度有关，但更重要的是与古代所观察的天体运动有关。

图1-1 北京故宫太和殿

二、中国古建筑艺术特征

(一)功能特征

古建筑的功能通常分为物质功能和精神功能两大类,具体来说:

物质功能——主要是为了满足人们生活的需求,如房屋中有客厅、卧室、书房、厨房、浴室之设。

精神功能——主要是为了满足人们的精神需求,如为显示等级、突出皇权、表明品格、颂扬功绩、驱魔辟邪、祈求吉祥等而置的陈设和装饰。

在北京颐和园慈禧太后观戏的德和园内,就陈设有外型为九只蟠桃、鼎足纹雕九只蝙蝠的鎏金"九桃熏炉"。九表"多"之意,桃寓"寿"之意,蝙蝠借"福"谐音,所以,"九桃熏炉"从物质功能来说,是用来取暖、消毒空气的,而从精神功能来说,却是祈祝慈禧太后万寿万福的。

图 1-2　北京颐和园九桃熏炉

（二）文化特征

1. 官文化

官文化的典型代表就是宫廷艺术，在建筑领域主要表现为宫廷建筑。

2. 士文化

士文化的典型代表就是文人艺术，在建筑领域主要表现为文人建筑。

士文化的特点是朴素淡雅的书卷气，表现知识分子的清高，不与世俗社会同流合污。不讲究尊卑等级，也不要求表现权力意志，也不追求豪华富丽的气派，纯粹只是文人们高雅的审美趣味的追求。在文学艺术上或以清逸飘渺的山水诗、山水画表达自己高远的意气，或以梅兰竹菊四君子来比喻自己清高的品格。在建筑上主要有私家园林、文人宅第、书院、书楼、书斋、风景建筑（图 1-3）等。文人艺术尤其对自然之美情有独钟，以山水诗、山水画和文人园林为典型代表。

图 1-3　文人建筑（江苏吴江同里镇陈氏旧宅）

3. 俗文化

俗文化的典型代表就是民间艺术，在建筑领域主要表现为民间建筑。

中国的建筑艺术，堪称儒、道互补的产物。一方面，中国建筑中的理性秩序，严格的等级规则，是典型的儒家气质。天人相互依存、相互促进，具有同构同源的特征。另一方面，道的意境渗入建筑，来缓和冲淡儒家的刻板和严肃。

（三）结构取法特征

1. 以木料为主要构材

凡一座建筑物皆因其材料而产生其结构法，更因此结构而产生其形式上之特征。世界其他体系建筑，多渐采用石料以替代其原始之木构，故仅于石面浮雕木质构材之形，以为装饰，其主要造法则点石料垒砌之法，产生其形制。中国始终保持木材

第一章　中国古建筑概述

为主要建筑材料,故其形式为木造结构之直接表现。主要是因为取材方便、施工速度快、便于修缮、便于搬迁、有较强的抗震性能等,但是,木架建筑也存在着一些根本性缺陷。首先,木材越来越稀少。到宋代,建造宫殿所需的大木料已感紧缺,因此《营造法式》用法规形式规定了大料不能小用,长料不能短用,边脚料用作板材,柱子可用小料拼成等一系列节约木材的措施。明永乐时造北京宫殿,不得不从远处西南和江南的四川、湖南、湖北、江西等地采办木材。其次,木架建筑易遭火灾。如明永乐时兴建的北京紫禁城三大殿,在迁都后的第二年即遭雷击而焚毁,以后又屡建屡焚。各地城镇因火灾而烧毁大片房屋的记载不绝于书。在南方,还有白蚁对木架建筑的严重威胁。木材受潮后易于朽坏也是一大缺点。最后,无论是抬梁式还是穿斗式结构,都难以满足更大、更复杂的空间需求,木材的消耗量也很大,从而限制了它继续发展的前景。

2. 以斗栱为结构之关键并为度量单位

中国建筑以柱额、斗栱、梁、槫、瓦、檐为其"词汇",施用柱额、斗栱、梁、槫等之法式为其"文法"。虽砖石之建筑物,如汉阙佛塔等,率多叠砌雕凿,仿木架斗栱形制。

3. 历用构架制之结构原则

此结构原则乃专"梁柱式建筑"之"构架制"。以立柱四根,上施梁枋,牵制成为一"间"。梁可数层重叠称"梁架"。每层缩短如梯级,逐级增高称"举折",左右两梁端,每级上承长槫,直至最上为脊槫,故可有五槫,七槫至十一槫不等,视梁架之层数而定。每两槫之间,密布栉篦并列之椽,构成斜坡屋顶之骨干;上加望板,始覆以瓦苫。四柱间之位置称"间"。通常一座建筑物均由若干"间"组成。由于房屋的墙壁不负荷重量,门窗设置有极大的灵活性(图1-4)。

· 7 ·

图 1-4　苏州留园古木交柯处自由开凿的漏窗

第二节　中国古建筑的发展

一、中国古代建筑体系的形成期——原始社会及夏商周时期

(一)原始社会建筑

中华民族是世界上最古老的民族之一,大约在一万多年前进入新石器时代。人类最早创造出用来居住的建筑物,也是在这一时期。而在此之前,原始人类则栖息于天然崖洞中,或构木为巢而居。原始先民脱离洞穴,自己动手营建可以遮挡风雨、躲避野兽侵犯的人工居所,其构造形式,皆因所属自然地域条件的不同而有所区别。据考古发掘,大约在八千年前,生活在华夏大地上的先民们,就根据各自不同的地域特点,选择并发展了各具特色的建筑技术,其中有三个区域最为突出。

第一章　中国古建筑概述

1. 黄河流域的建筑物

黄河流域有广阔而丰厚的黄土层,土质均匀,含有石灰质,有壁立不易倒塌的特点,便于挖作洞穴。

黄河流域黄土地带的穴居及其以后的发展是中国土木混合结构建筑的主要渊源。穴居的发展大致分以下几个环节:原始横穴居、深袋穴居(图1-5)、袋形半穴居、直壁半穴居、地面建筑。这个过程早在母系氏族公社时期就已经完成。原始的穴居是对自然穴居的简单模仿,就是在黄土的崖壁上挖出横穴,由于这种方式最易于操作且经济实用,所以虽然穴居在以后不断地发展,许多种早期的穴居形式在其后逐渐被淘汰掉了,但横穴却在不断发展的基础之上保留了下来,这种横穴的现代形式就是窑洞。

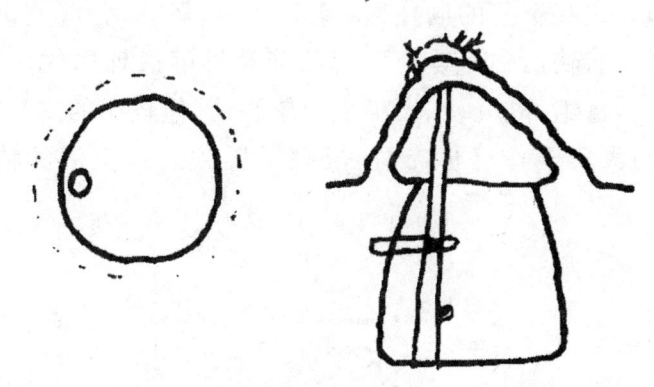

图1-5　深袋穴居①

---

① 在穴内部有洞痕,可能用来放置梯架一类的木支柱,再在穴顶部覆以树叶、草类以避风雨。

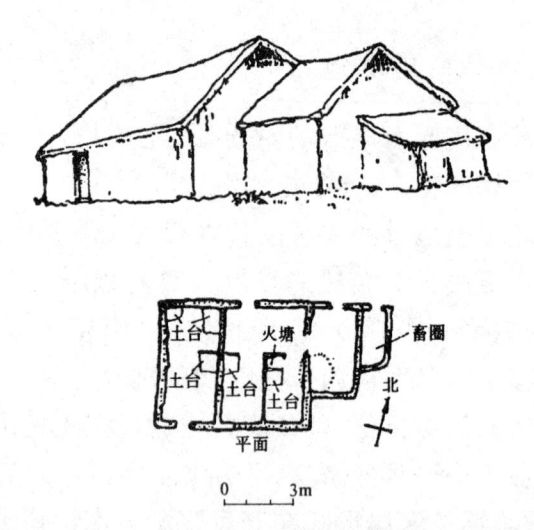

图 1-6　郑州大河村 F1-4 遗址平面及想象复原外观

　　黄河流域也发现有不少原始聚落（如西安半坡遗址、临潼姜寨遗址）。这些聚落的居住区、墓葬区、制陶场，分区明确，布局有致。例如，陕西临潼姜寨发现的仰韶村落遗址居住区的住房共分五组，每组都以一栋大房子为核心，其他较小的房屋环绕中间空地与大房子作环形布置，反映了氏族公社生活的情况（图1-7）。

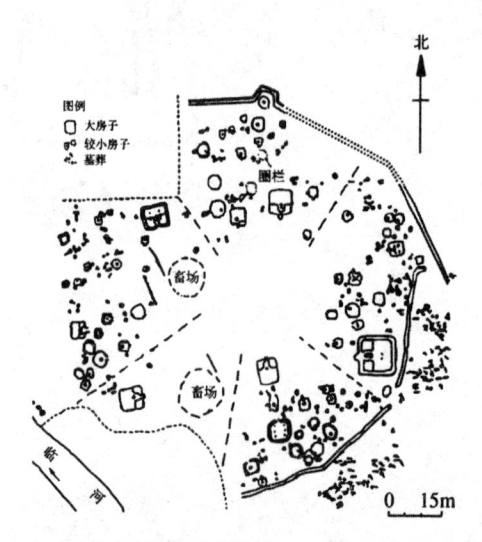

图 1-7　陕西临潼姜寨仰韶文化村落遗址平面

此时,木构架的形制已经出现,房屋平面形式也因造做与功用不同而有圆形、方形、吕字形等。这是中国古建筑的草创阶段。

2. 长江流域的建筑物

长江流域水网地带的巢居及其发展是中国干阑式木结构和穿斗式木结构的主要渊源。大约七千年前,该地区为沼泽地带,气候温暖而湿润,巢居就以其特有的优越性成为这类地区的主要建筑。巢居大致可分为单树巢、多树巢和干阑建筑三个发展阶段。

原始的巢居看起来就像一个大鸟巢,因为它只是在树的枝杈间用枝干等材料构成一个窝。再向后发展,产生了用枝干相交构成的顶篷。为了有更宽阔和平整的居所,人们开始在几棵相邻的树木之间制造居所。但是,寻找地点适宜、相邻几棵树木距离又理想的自然条件的确不易,随着人口的增加,再单纯依靠树木已经不能够满足人们的需要,于是人工栽立桩柱,其上建房的形式诞生了。由于这种方式对木构架的技术要求较高,因此木构件由原始形态发展到了人工制作阶段。现在发现的那个时期的木构件已经有了各种榫卯结构,一些地板还有了用于拼接的企口。以浙江余姚市的河姆渡母系氏族聚落为代表,它遗留了大量的干阑长屋木构,这些木构和各种榫卯表明当时的建筑技术已经比较成熟。

3. 北方的积石建筑

北方的积石建筑主要出现于北方的红山文化地域。

(二)夏商周古建筑

到新石器晚期,规模较大的聚落和"城"已开始出现。随着夏王朝的建立,国家形态的逐渐形成,出现了宫殿、坛庙等建筑类型,城市规模也不断扩大,内容不断丰富。特别是到了商、周王朝,不仅木构建筑体系得到确立,廊院、四合院等建筑组群的空间构成模式基本成型,在建筑语言上还体现出强调敬天法祖、尊卑等级的礼制思想;成熟的夯土技术,砖、瓦等建筑材料被发明并得以日益广泛地运用。

1. 夏代古建筑

我国古代文献记载了夏朝的史实,但考古学上对夏文化尚在探索之中,由于在已发现的遗址中,未出现过有关夏朝的文字证据,因此,究竟何者属于夏文化,往往引发意见分歧,例如河南登封王城岗古城址、河南淮阳平粮台古城址、山西夏县古城址等,都曾被认为可能是夏代所遗,但后来又判定为原始社会后期之物。

在随后发现的二里头另一座殿堂遗址中,可以看到更为规整的廊院式建筑群。这些例子说明,在夏代至商代早期,中国传统的院落式建筑群组合已经开始走向定型。

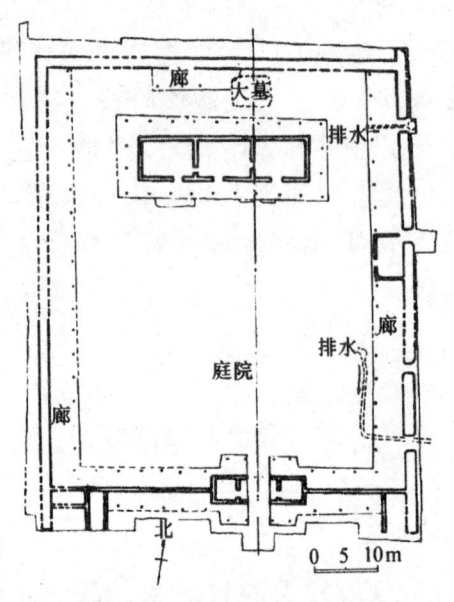

图 1-8　河南偃师二里头二号宫殿遗址平面

2. 商代古建筑

公元前 16 世纪建立的商朝是我国奴隶社会的大发展时期，大量的商朝青铜礼器、生活用具、兵器和生产工具（包括斧、刀、锯、凿、钻、铲等），反映了青铜工艺已达到了相当纯熟的程度，手工业专业化分工已很明显。手工业的发展、生产工具的进步以及大量奴隶劳动的集中，使建筑技术水平有了明显的提高。

1983 年在偃师二里头遗址以东五六公里处的尸沟乡，发现了另一座早商城址，考古学家认为这是商灭夏后所建的都城——亳，其规模较郑州商城略小，由宫城、内城、外城组成。宫城位于内城的南北轴线上，外城则是后来扩建的（图 1-9）。宫城中已发掘的宫殿遗址上下叠压 3 层，都是庭院式建筑，其中主殿长达 90m，是迄今所知最宏大的早商单体建筑遗址。

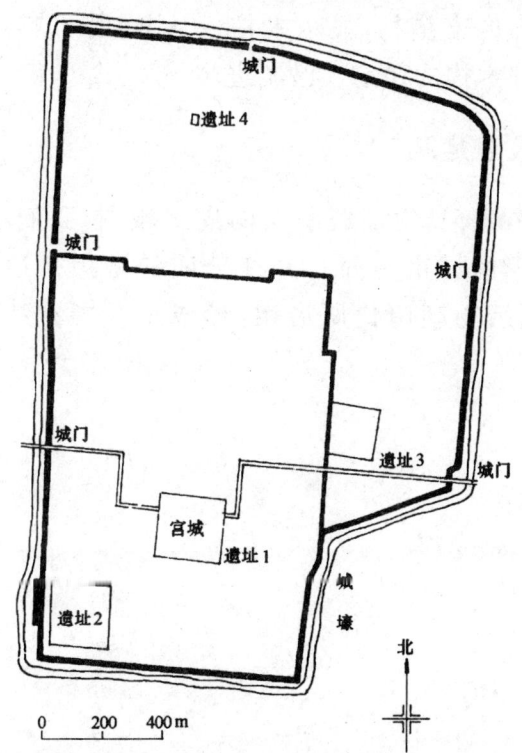

图 1-9 河南偃师尸沟乡商城遗址平面

盘龙城宫殿遗址位于湖北黄陂县,是中商时期一个方国的宫殿遗址。整个宫殿区坐落在约1m高的夯土台面上。已发现三座南北向的平行殿基,最北的1号基址在周边檐柱内有4间木骨泥墙的横列居室。前后檐列柱数目不等,未形成进深方向的横向柱列。估计构架采用的是纵架支承斜梁的做法。远在长江之滨的盘龙城,营造技术与二里头遗址、小屯宫殿遗址已属同一传统,1号基址当用于寝居,其前方的2号基址似是大空间的厅堂,这个遗址有可能是迄今所知最早的"前朝后寝"的布局实例。①

商朝后期迁都于殷,它不仅是商王国的政治、军事、文化中心,也是当时的经济中心。小屯殷墟宫殿遗址位于河南安阳,是迁都于殷的晚商宫殿遗址。已发现基址50余座,分甲、乙、丙三区。未发现瓦,仍属"茅茨土阶"。遗址有"铜锧"出土,是置于柱下的、带纹饰的支垫物,显示木柱已从栽柱演进为露明柱的迹象,表明上部木构的稳定性已有进步。

3. 周代古建筑

根据《考工记》中记载所绘的周王城图,我们可以看出,从此时起,方形的城市平面与经纬分明的城市街道所构成的城市面貌被以后历朝历代所沿用,形成了我国独特的城市布局和结构。

---

① 侯幼彬,李婉贞.中国古代建筑历史图说[M].北京:中国建筑工业出版社,2002

盖瓦瓦环　仰瓦瓦钉　　　用绳联结的瓦

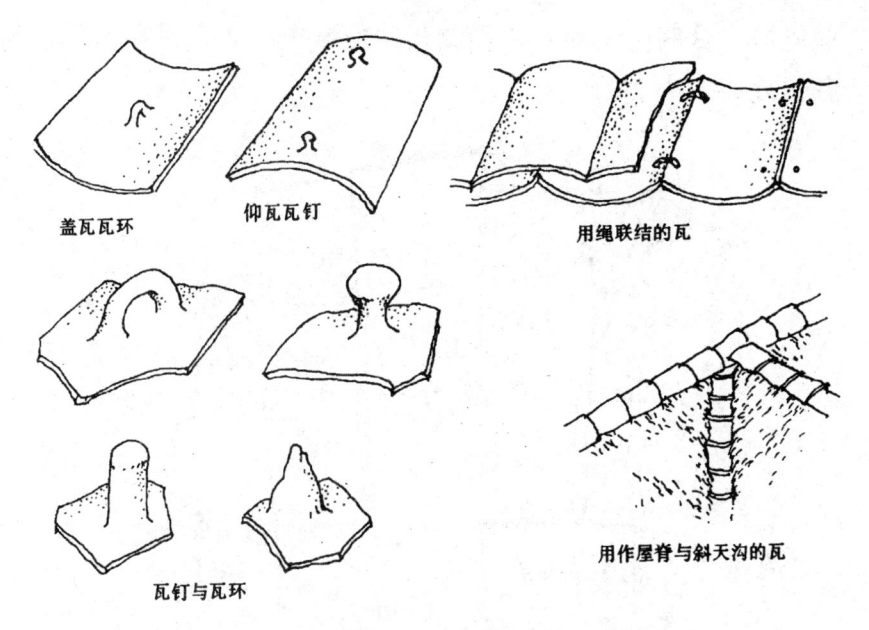

瓦钉与瓦环　　用作屋脊与斜天沟的瓦

图1-10　山西岐山凤雏村遗址出土西周瓦

二、中国古代建筑体系的朝阳期——春秋战国与秦汉时期

中国建筑在这一阶段充满激情与活力，城市规模日益扩大，宏伟的高台建筑和多层木楼阁建筑显示出巨大的技术进步；皇家王室大力营造离宫苑囿，有力地促进了园林建设的发展。

（一）春秋战国时期古建筑

1. 春秋时期古建筑

春秋时期，建筑上的重要发展是瓦的普遍使用和作为诸侯宫室用的高台建筑（或称台榭）的出现。

周代的城市按等级可分为周王都城、诸侯都城和宗室的都邑。这些城市在政治上有不同划分，在面积和设施上也有很大的不同。但是这些城市都有了比较完整的建制，各组成部分的职能也十分明确。而且不同诸侯国的城市的差别仅在于规模和各部分的大小上。

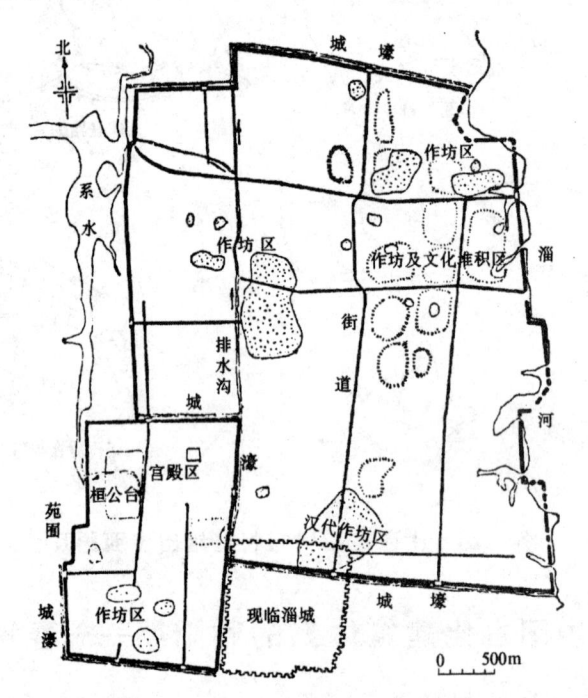

图 1-11　山东临淄齐故都遗址平面

2. 战国时期古建筑

根据考古发掘得知,战国时齐故都临淄城南北长约 5km,东西宽约 4km,大城内散布着冶铁、铸铁、制骨等作坊以及纵横的街道。大城西南角有小城,其中夯土台高达 14m,周围也有作坊多处,推测是齐国宫殿所在地(图 1-12)。战国时另一大城市燕国的下都(在今河北易县),位于易水之滨,城址由东西两部分组成,南北约 4km,东西约 8km,东部城内有大小土台 50 余处,为宫室与陵墓所在。西部似经扩建而成。赵国的都城邯郸,布局和齐临淄很相似,工商业区在大城中,宫城在大城西南角,大城南北约 4.5km,东西约 3km,较齐临淄与燕下都略小。宫城内留有高台十余座,应是赵王宫室遗址。这三处的大量高台,说

· 16 ·

明战国时高台宫室仍很盛行。

由于春秋战国时期战争频繁,各个国家出于战争防御的目的,还竞相修筑长城。长城是最为人们所熟知的防御设施。一般人们认为它是建造在北方防御外族入侵的屏障,其实早在春秋时期楚国就已经在今河南境内修筑长城了,其建筑目的是为了防御别国的进攻。到了战国时期,由于各国间的战事频繁,各个国家都开始修筑长城以自保了。长城的建筑形式因地区而有所不同,平原地区的战国长城,以夯土墙为主,建于山地的,多以在天然陡壁上加筑城墙的方式构成;还有的城墙是用石头砌成的。长城上的防御体系比较完备,由烽燧、戍所、道路等部分构成。各国所建长城中以燕国长城的北段为最长,它西起今河北张家口西,经河北北部沿内蒙古东南至辽宁省阜新、开原一带,过辽河后折向东南又经新宾向东,直到朝鲜半岛上。中原一带的长城在秦朝统一天下后多被夷为平地,只有燕国和赵国北疆的长城被秦朝沿用而遗留了下来。

(二)秦汉时期古建筑

1. 秦代古建筑

现在我们所能看到的只有阿房宫残留的长方形夯土台和秦瓦了,但即使是这样,它的面积也有北京紫禁城那么大,可见当年阿房宫宏大的气势和富丽的景象是我们后人难以想象的。近年在秦始皇陵的东侧发现了大规模的兵马俑队列的埋坑。阿房宫留下的夯土台东西约 1km,南北约 0.5km,后部残高约 8m。秦始皇陵位于今陕西省临潼的骊山附近,经航空测定为以南北长轴为基准建立的矩形陵城。因陵内大部分建筑都是坐西朝东,因而该陵墓的主轴线为东西向,且主要陵门在东侧。有内外两层城垣,城垣由夯土构筑,四角建有角楼和陵门。内城有大型建筑的基址,据考证应为寝殿和便殿等建筑群。另外在内外城西门以北还发现有三组建筑基址,从出土的金银编钟和铜灯残片来看,这个建筑群有着非常重要的用途。外垣以外分布着陵园陪葬墓、陵园铜车马坑、随葬坑、兵马俑坑、刑徒墓葬和建材加工场等。整个陵园布局合理,充分显示了我国皇室建筑的布局传统,构思缜密。由于整个皇陵建于骊山脚下,在陵园外修建了防洪大堤,以保证陵园和各附属设施的安全。

图 1-12 是秦代宫殿遗址出土的陶水管,此陶水管是管道转弯处的装置,不仅有大小头,而且内外均有花纹装饰,说明当时建筑中的排水设施已经相当完善。

图 1-12 陶水管

由于秦国在营造宫室上追求大规模和大气势,所以作为我国历史上的第一个皇帝的陵墓,秦始皇陵不但以其前所未有的超大规模和恢宏的气势震惊世界,就其格局和形制来说也是古代帝王陵墓的典范。

长城起源于战国时诸侯间相互攻战自卫。地处北方的秦、燕、赵为了防御匈奴,还在北部修筑长城。秦统一全国后,西起临洮,东至辽宁遂城,扩建原有长城,联成 3000 余千米的防御线。秦时所筑长城至今犹存一部分遗址。以后,历经汉、北魏、北齐、隋、金等各朝修建。现在所留砖筑长城系明代遗物。

2. 汉代古建筑

汉朝的长期稳定强大,使汉长安城成为与罗马城并称的、当时世界上最繁华壮丽的都市。汉代末年,佛教建筑亦开始崭露身姿。

第一章　中国古建筑概述

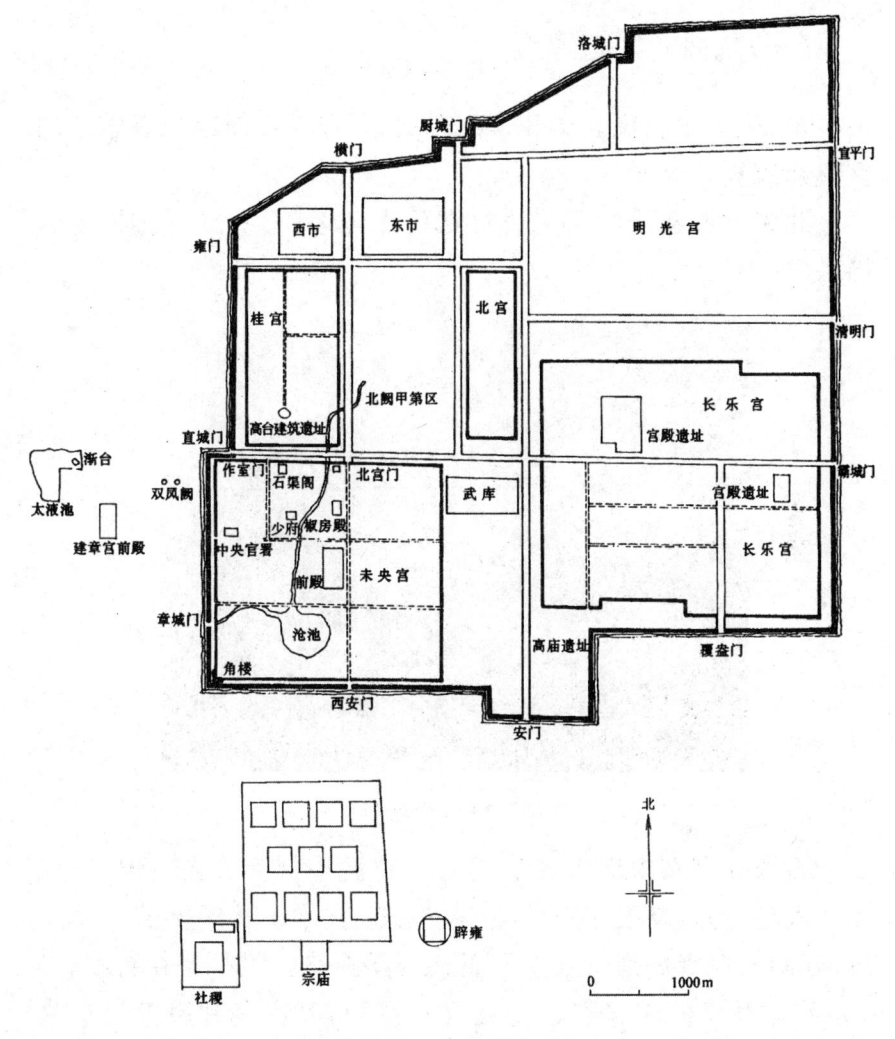

图1-13　汉长安城遗址平面

三、中国古代建筑体系的成熟期——魏晋与隋唐时期

魏晋南北朝时期的建筑承上启下,为隋唐中国建筑的全盛奠定了基础。隋、唐时期的建筑,既继承了前代成就,又融合了外来影响,形成一个独立而完整的建筑体系,把中国古代建筑推到了成熟阶段,并影响了朝鲜、日本等国家。

(一)魏晋时期古建筑

汉末,由于农民起义和军阀混战,所以两汉时期三百多年的宫殿建筑被毁弃殆尽。

北魏时所建造的河南登封嵩岳寺砖塔,是我国现存最早的佛塔(图 1-14)。

图 1-14　嵩岳寺

石窟寺是在山崖上开凿出来的窟洞型佛寺。在我国,汉代已有大量岩墓,掌握了开凿岩洞的施工技术。从印度传入佛教后,开凿石窟寺的风气在全国迅速传播开来。最早是在新疆,如3世纪起开凿的库车附近的克孜尔石窟,其次是甘肃敦煌莫高窟,创于 366 年(秦苻坚建元二年)。以后就是甘肃、陕西、山西、河南、河北、山东、辽宁、江苏、四川、云南等地的石窟相继出现,其中著名的有山西大同云冈石窟、河南洛阳龙门石窟、山西太原天龙山石窟等。这些石窟中规模最大的佛像都由皇室或贵族、官僚出资修建,窟外还往往建有木建筑加以保护。石窟的壁画、雕刻、前廊和窟檐等方面所表现的建筑形象,是我们研究南北朝时期建筑的重要资料。

(二)隋唐时期古建筑

1. 隋建筑

隋朝建筑上主要是兴建都城——大兴城和东都洛阳城,以及大规模的宫殿和苑囿,并开南北大运河、修长城等。

近年在陕西麟游发掘的仁寿宫是隋文帝命宇文恺等人兴建的一座离宫,唐太宗时改建为九成宫。此宫位于海拔 1.1km 的山谷中,四面青山环绕,绿水穿流,风景极佳,夏季凉爽,是隋文帝、唐太宗等喜爱的避暑胜地。离宫占地约 2.5km²,主体部分平面呈长方形,东西长约 1km,南北宽约 300m,各殿宇由西向东展开布置,格局规整,四周有内宫墙环绕。内宫墙外又有一道外宫墙,包围着数十座殿台亭榭。这些建筑物都是依山傍水,错落布置,纯属山地园林格局,其中已发掘的 37 号殿址,是隋唐两代都曾使用的 9 开间殿宇,周廊宽敞,表现出园林建筑特有的风貌。

2. 唐建筑

唐代的建筑在规模、建筑群、砖石结构上均有相当大的特色,这里简要总结如下。

(1)规模宏大,规划严整

唐朝首都长安原是隋代规划兴建的,但唐继承后又加扩充,使之成为当时世界最宏大繁荣的城市。

(2)建筑群处理愈趋成熟

战国的陵墓常采用 3 座、5 座建筑横向排列的方式,汉代的宗庙、明堂、辟雍、宫殿、陵墓、丞相府一类最隆重的建筑物,大都采用四面设门阙,用纵横轴线对称的办法,但长安南郊 13 座礼制建筑仅作简单的排列,各组建筑物之间缺乏有机的组合。

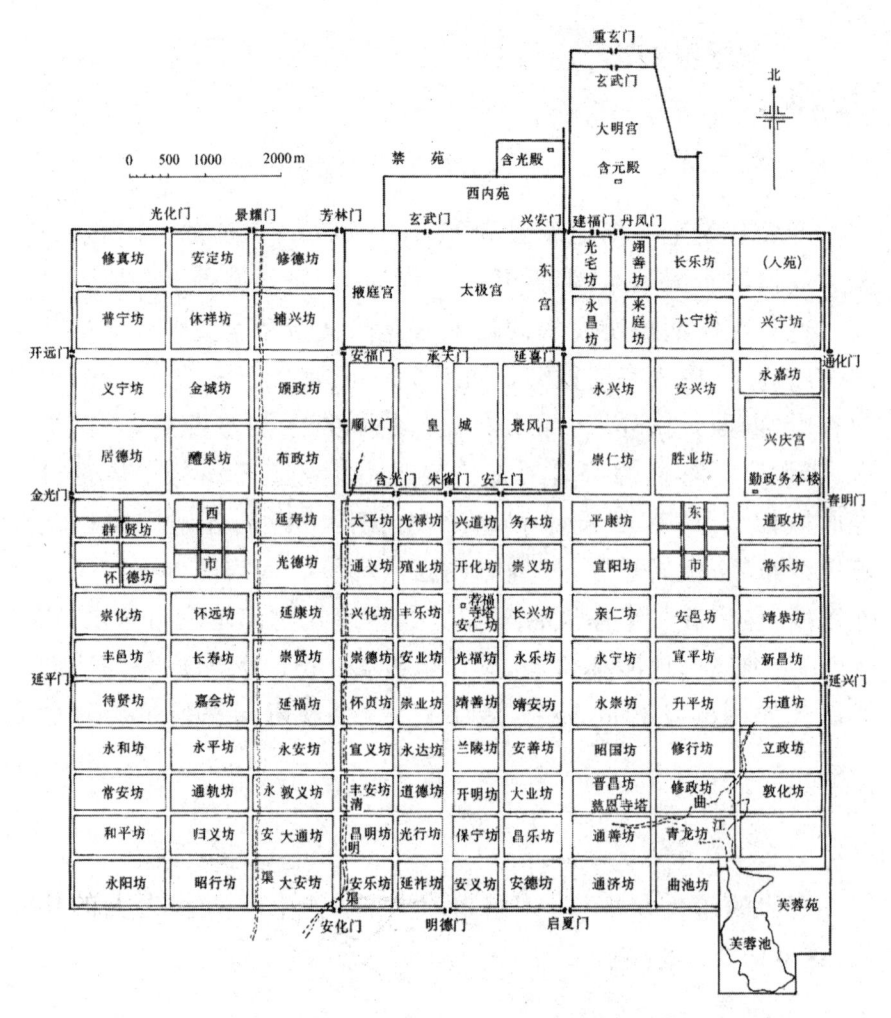

图 1-15 唐长安城复原图

(3)砖石建筑进一步发展

主要是佛塔采用砖石构筑者增多。隋唐时期,虽然木楼阁式塔仍是塔的主要类型,在数量上占优势,但木塔易燃,常遭火灾,又不耐久,实践证明砖石塔更经得起时间考验。目前我国保存下来的唐塔全是砖石塔。唐时砖石塔的外形,已开始朝仿木建筑的方向发展,如西安兴教寺玄奘塔、香积寺塔、登封净藏禅师塔,部分地仿照木建筑的柱、枋、简单的斗栱、檐部、门窗等,反映出对传统建筑式样的继承和对砖石材料的加工渐趋精致成熟。

隋唐时期是中国宗教发展的重要时期,由于统治者的大力推崇,使宗教建筑成为当时建筑的一个重要组成部分。尤其是佛教,此时的佛教已不是外来的宗教,它已经成为饱含中国文化和风俗的中国式佛教,无论国家还是民间都积极致力于佛教建筑的建设。我国的佛寺与西方宗教建筑清冷严峻的风格截然相反,它兼具宗教中心和公共文化中心的双重作用,不仅在平时朝拜信徒众多,而且还经常有歌舞和戏剧的演出,加上寺院大多有雄厚的经济实力,所以当时建造的各种佛教建筑在数量和规模上都大得惊人。比如在一些里坊和村落之中虽然只有佛堂以供参拜,但因为佛堂对应的居民有时也多达五百户,所以即使是佛堂建筑通常也具有一定的规模。佛教及其相关建筑的兴盛连带了同期与其相关的附属艺术也都具有很高的水平。唐代佛寺的另一重要特点是,不仅与社会的层次相对应有等级的差别,而且寺院在性质上也有官、庶的分别。

四、中国古代建筑体系的转变期——宋元时期

从晚唐开始,中国又进入三百多年分裂战乱时期,建筑也从唐代的高峰上跌落下来。

(一)宋代建筑

1. 宋代建筑概况

五代十国分裂与战乱的局面以北宋统一黄河流域以南地区而告终,北方地区则有契丹族的辽朝政权与北宋相对峙。北宋末年,起源于东北长白山一带的女真族强大起来,建立金朝,向南攻灭了辽和北宋,又形成南宋与金相对峙的局面,直至蒙古灭金与南宋建立元朝为止。

官府衙署一部分在宫城内,一部分则在宫城外,和居民杂

处,不如唐长安集中。城内还散有许多军营和各种仓库50余处。在都城东北酸枣门和封丘门间,有宋徽宗经营的艮岳,罗城西城外还有琼林苑、金明池,东城外有东御苑,南城外有玉津园,北城内有撷景园、撷芳园等苑囿。

东京的桥梁以东水门7里外汴河上的虹桥最为特殊,是用木材做成的拱形桥身,桥下无柱,有利于舟船通行,宋张择端《清明上河图》即绘有此桥。这种虹桥在城内汴河上还有两座,表现了宋代木工在结构技术上的创造。

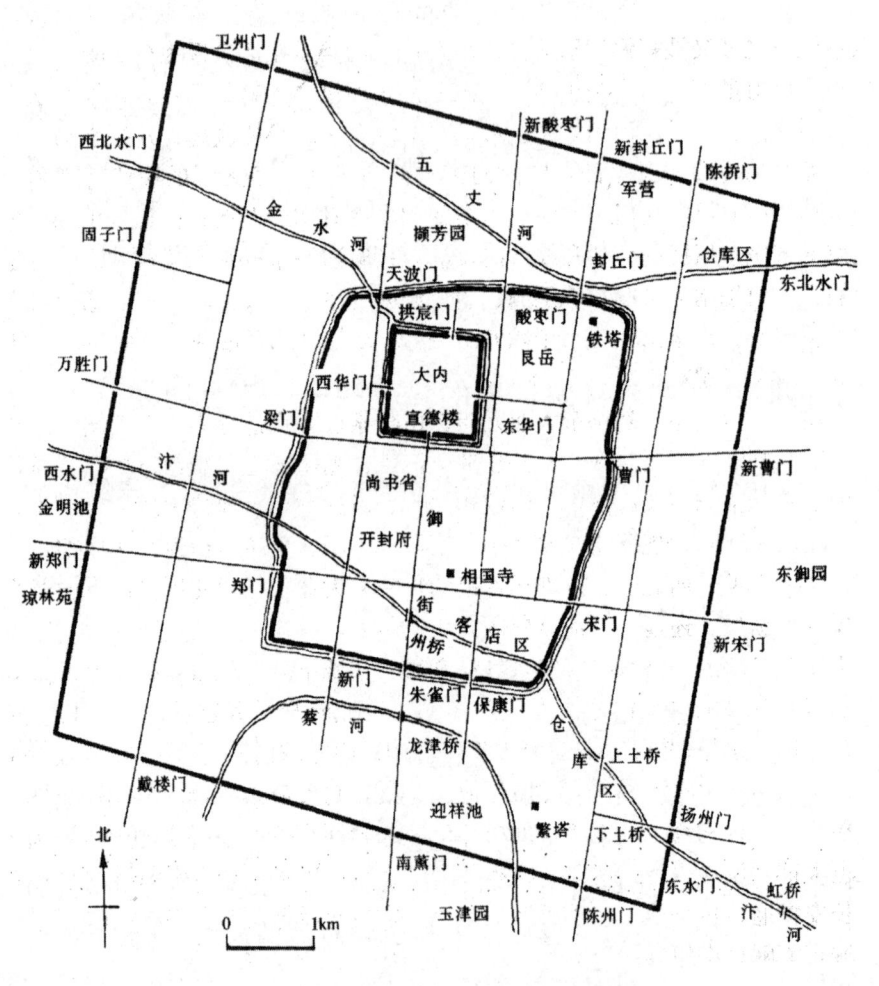

图 1-16 北宋京东城平面推想图

2. 宋代建筑特点

(1) 商业与手工业的繁荣带来了建筑形式的多样化

城市消防、交通运输、商店、桥梁等都有了新的发展。例如江西赣州城，北宋时已形成由"福沟"与"寿沟"两个子系统组成的全城排水系统，福沟汇城市南部之水，寿沟汇城市北部之水，再通过12个水窗（涵洞）分别排入城东的贡江和城西的章江。至今所存沟渠长达12.6km，沟深约2m，宽约0.6～1m，对赣州旧城区的排水起着重要作用（图1-17）。

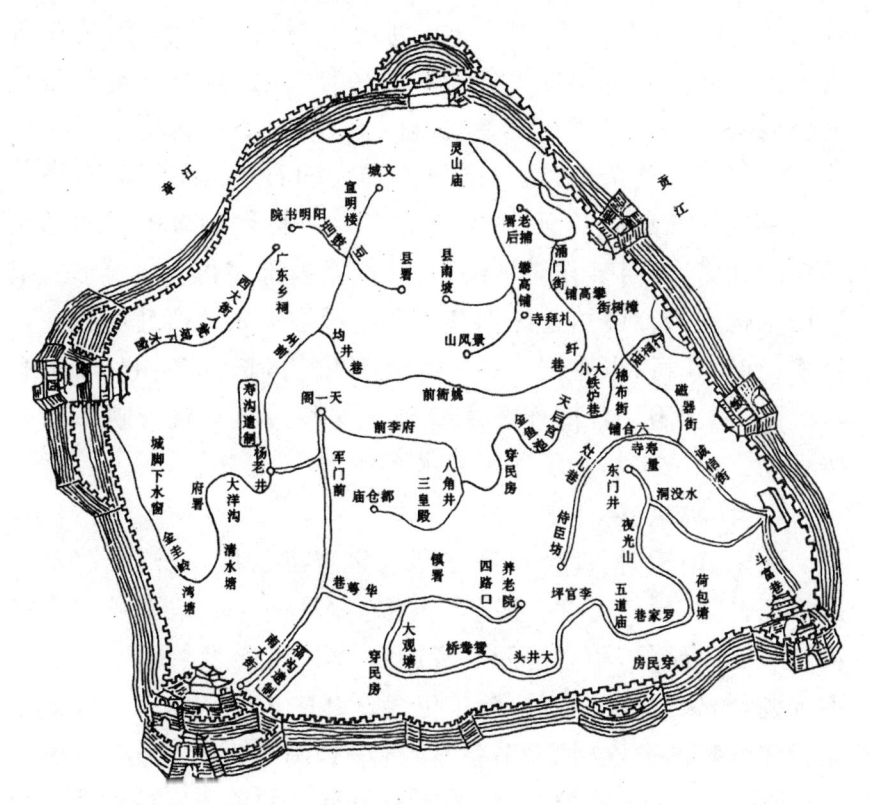

图1-17 江西赣州宋代所建城市排水系统——"福寿沟"图

(2) 木架建筑采用了古典的模数制

北宋时，在政府颁布的建筑预算定额——《营造法式》中规定，把"材"造屋的尺度标准，即将木架建筑的用料尺寸分成八等,按屋宇的大小、主次量屋用"材","材"一经选定,木构架部件的尺寸都整套按规定而来,不仅设计可以省时,工料估算有统一标准,施工也方便。这种方法在唐代实物中可能已实际运用,但用文字确定下来作为政府的规定予以颁布则是首次,以后历朝的木架建筑都沿用相当于以"材"为模数的办法,直到清代。

(3)砖石建筑的水平达到新的高度

这时的砖石建筑主要仍是佛塔,其次是桥梁。目前留下的宋塔数量很多,遍于黄河流域以南各省。宋塔的特点是:木塔已经较少采用,绝大多数是砖石塔。其中最高的是河北定县开元寺料敌塔(图1-18),高达84m。河南开封祐国寺塔,则是在砖砌塔身外面加砌了一层褐色琉璃面砖作外皮,是我国现存最早的琉璃塔。福建泉州开元寺东西两座石塔,用石料仿木建筑形式,高度均为40余米,是我国规模最大的石塔。宋代砖石塔的特点是发展八角形平面(少数用方形、六角形)的可供登临远眺的楼阁式塔,塔身多作筒体结构,墙面及檐部多仿木建筑形式或采用木构屋檐。四川地区则多方形密檐塔。宋代所建石桥数量很多,有拱式桥,也有梁式桥。泉州万安桥,长达540m,石梁有11m长,抛大石于江底作桥墩基础。这些砖石建筑反映了当时砖石加工与施工技术所达到的水平。

(4)园林兴盛

北宋、南宋时,社会经济得到一定程度发展,统治集团对人民横征暴敛,生活奢靡,建造了大量宫殿园林,北宋都城有许多苑囿和私家园林,西京洛阳是贵族官僚退休养老之地,唐时已有不少园林,宋时续有增添,数量更多。北宋末年宋徽宗在宫城东北营建奢华的苑囿"艮岳",备"花石纲",调用漕运纲船(10船为一纲)采运江南名花异石,成为历史上有名的荒唐事件。南宋苟安江南,统治集团更为昏庸,他们在临安、湖州、平江等地,建造了大量园林别墅。

平面图　　　　　立面图

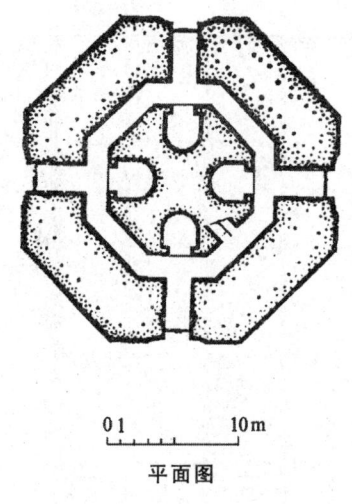

图 1-18　开元寺料敌塔

（二）元代建筑

蒙古贵族统治者先后攻占了金、西夏、吐蕃、大理和南宋的领土，建立了一个疆域广大的军事帝国。忽必烈时，在金中都的北侧建造了规模宏大的都城（图 1-19），并由于统治者崇信宗教，佛教、道教、伊斯兰教、基督教等都有所发展，使宗教建筑异常兴盛。

在元代的遗物中，最辉煌的成就，就是北京内城有计划的布局规模，它是总结了历代都城的优良传统，参考了中国古代帝都规模，又按照北京的特殊地形、水利的实际情况而设计的。元大都的建设为明清北京城打下了基础。

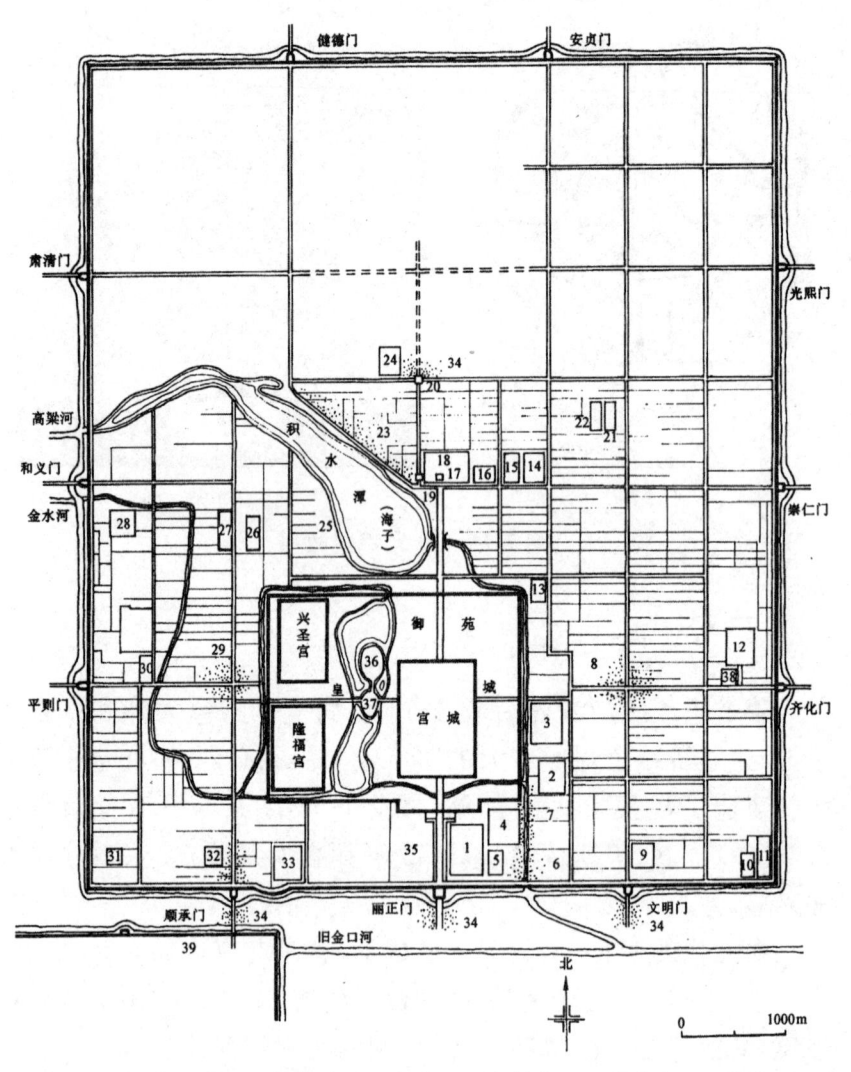

1—中书省；2—御史台；3—枢密院；4—太仓；5—光禄寺；6—省东市；7—角市；8—东市；9—哈达王府；10—礼部；11—太史院；12—太庙；13—天师府；14—都府（大都路总管府）；15—警巡院（左、右城警巡院）；16—崇仁倒钞库；17—中心阁；18—大天寿万宁寺；19—鼓楼；20—钟楼；21—孔庙；22—国子监；23—斜街市；24—翰林院、国史馆（旧中书省）；25—万春园；26—大崇国寺；27—大承华普庆寺；28—社稷坛；29—西市（羊角市）；30—大圣寿万安寺；31—都城隍庙；32—倒钞库；33—大庆寿寺；34—穷汉市；35—千步廊；36—琼华岛；37—圆坻；38—诸王昌童府；39—南城（即旧城）

图 1-19 元大都平面复原图

图 1-20 广胜下寺大殿

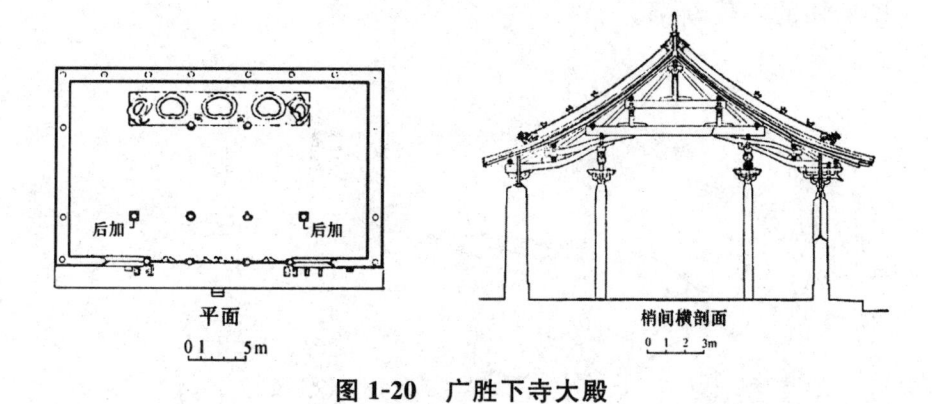

五、中国古代建筑体系的最后一个高峰期——明清时期

明清建筑比之元代建筑规范而华丽,但比之唐宋建筑奢华有余而气度不足。不过毕竟两代都是享国长久的统一王朝,在建筑上还是多有作为的。虽然在单体建筑的技术上日趋定型与刻板,但在园林、陵墓等建筑类型的群体空间组合上却取得了显著成绩。

明清时期地方经济繁荣富庶,建筑方面的书籍有园林设计建筑方面的代表作《园冶》、江南民间建筑施工的书籍《鲁班经》,记载文人对生活、建筑、园林感悟认知的书《闲情偶寄》,还有官方建筑书籍《工程做法》等。

(一)明代古建筑

南京是明初洪武至永乐53年间全国政治中心的所在地(洪武元年到永乐十八年),它以独特的不规则城市布局而在中国都城建设史上占有重要地位。

元末,朱元璋以集庆(宋建康府,元改集庆路,明改应天府)为根据地取得天下后,经过多方比较,决定以应天为京师。从至正二十六年(1366)起至洪武末年,经过30年的建设,形成了规

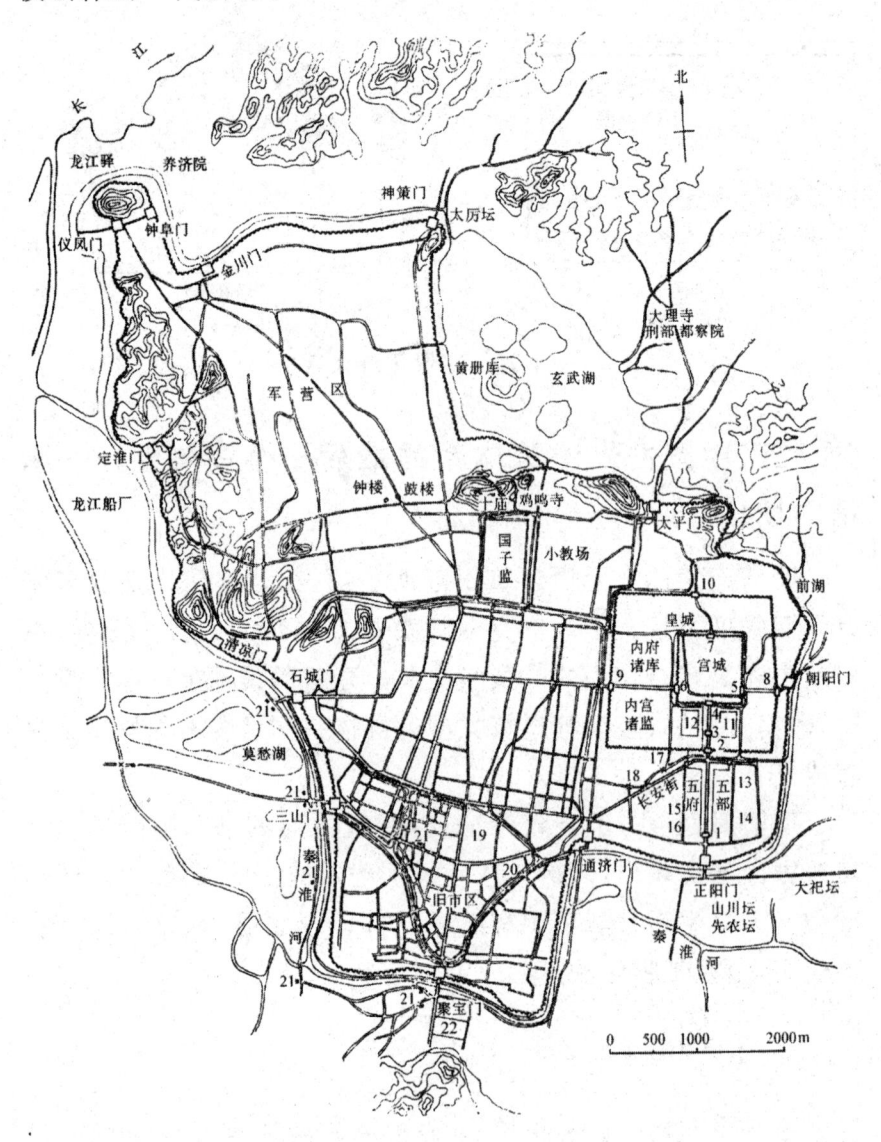

模宏伟的一代新都。

图 1-21 明南京半面复原图

1—洪武门；2—承天门；3—端门；4—午门；5—东华门；6—西华门；7—玄武门；8—东安门；9—西安门；10—北安门；11—太庙；12—社稷坛；13—翰林院；14—太医院；15—通政司；16—钦天监；17—鸿胪寺；18—会同馆、乌蛮驿；19—原吴王府；20—应天府学；21—酒楼；22—大报恩寺

南京地处江湖山丘交汇之处,地形复杂。旧城居民稠密,商业繁荣,交通方便。朱元璋在选择宫城位置时,避开了整个旧城,而在它的东侧富贵山以南的一片空旷地上建造新宫,又把旧城西北广大地区围入城内,供 20 万军队建营驻扎之用,这样就自然形成了南京城内三大区域的功能划分:城东是皇城区;城南是居民和商业区;城西北是军事区。城墙也就沿着这三大区的周边曲折环绕,围合成极其自然的形态。可见从实际情况出发,充分考虑对旧城的利用和对地形的顺应,是南京城市布局的指导原则,也是形成其特色的根本原因。

作为宫城基址的东城区,地势平坦,中间横亘着一个面积不大的燕雀湖,因此局部地段的排水条件不太理想,但是这里北倚富贵山,南有秦淮河,是一片背山面水的吉地,而且西边紧靠市区,便于利用旧城的原有设施,所以精通堪舆术的刘基等人卜地于此后,不惜以填平半个燕雀湖为代价取得一个完整的宫城基地。

新宫的布局以富贵山作为中轴线的基准点向南展开。宫城东西宽约 800m,南北深约 700m,前列太庙和社稷坛,是标准的"左祖右社"格局。宫城之外环以皇城,皇城南面御街两侧是文武官署,一直延伸到洪武门。正阳门外还设有祭祀天地的大祀殿、山川坛和先农坛等礼制建筑,明清两代都城布局的范式于是形成。明成祖迁都北京,所建宫城就是按照南京的形制,只是在进深方向增加了 200 余米,史书所称"规制悉如南京,壮丽过之",就是指此而言。

旧城区的街道仍沿袭元集庆路,但城市居民结构已有很大变化,房屋也经过改造。原有居民被大批迁往云南、江北等地,又从全国调集工匠与富户来京居住。匠户按行业分编于各街坊,商人的铺行沿官街起盖,官府还成批建造"廊房"(铺面)和"塌房"(货仓)出租给商人,又在城外秦淮河一线水陆码头附近的商贾结集地段起造酒楼 15 座,成为南京繁华兴盛的一个标志。大臣与富民的住宅多集中于旧城内秦淮河一带,这里离宫城较近,又有商市和交通之便,是理想的居住区地段。

南京城墙是一项伟大的工程。城的周长为33.68km,城墙高达14～21m,顶宽4～10m,全部用条石与大块城砖砌成。其中环绕皇城东、北两面约5km长的一段城墙是用砖实砌而成(其他的区段是土墙外包砖石),其用砖量大得惊人。所用城砖是沿长江各省118个县烧造供给的,每块砖上都印有承制工匠和官员的姓名,严格的责任制使砖的质量得到了充分的保证。城墙上共设垛口13000余个,窝铺200余座。城门共13座,都设有瓮城,其中聚宝、三山、通济三门有三重瓮城(即四道城门),设防之坚,为历代仅见。在这座砖城的外围,还筑有一道土城,即外郭,长约60km,郭门16座,从而使南京宫殿围有四重城墙——宫城、皇城、都城、外郭。

明灭元后,大都改称北平。明成祖朱棣为了迁都北京,从永乐四年起开始营建北京宫殿,十八年宫殿建成,遂正式迁都,之后南京就成为明朝的陪都。

明代北京是利用元大都原有城市改建的。明攻占元大都后,蒙古贵族虽已退走漠北,但仍伺机南侵,明朝驻军为了便于防守,将大都北面约5里宽较荒凉的地带放弃,缩小城框。明成祖建都时,为了仿南京的制度,在皇城前建立五府六部等政权机构的衙署,又将城墙向南移了1里余。到明中叶,蒙古骑兵多次南下,甚至迫近北京,兵临城下,遂于嘉靖三十二年加筑外城,由于当时财力不足,只把城南天坛、先农坛及稠密的居民区包围起来,而西、北、东三面的外城没有继续修筑,于是北京的城墙平面就成了凸字形。清朝北京城的规模没有再扩充,城的平面轮廓也不再改变,主要是营建苑囿和修建宫殿。

明北京外城东西7.95km,南北3.1km。南面3座门,东西各1座门,北面共5座门,中央3门就是内城的南门,东西两角门则通城外。内城东西6.65km,南北5.35km,南面3座门(即外城北面的3门),东、北、西各两座门。这些城门都有瓮城,建有城楼。内城的东南和西南两个城角并建有角楼。

第一章 中国古建筑概述

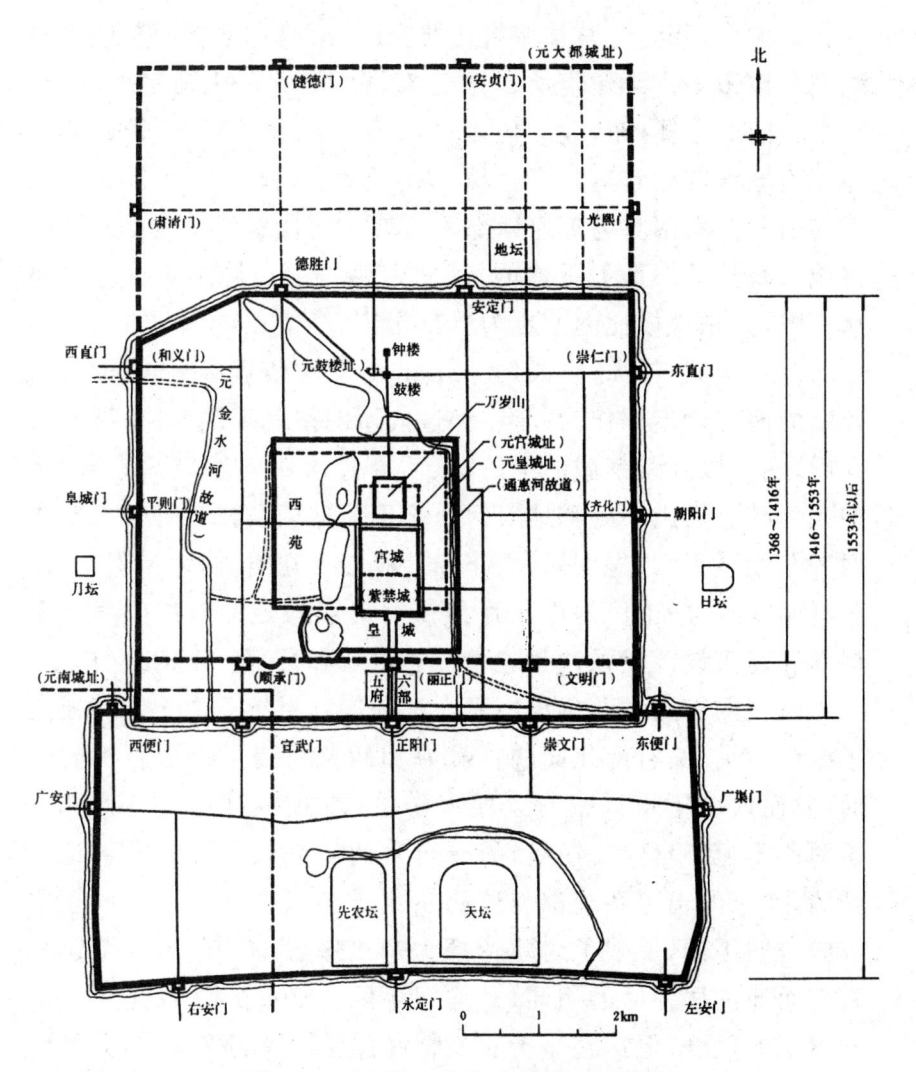

图 1-22 元明二代北京发展示意图

北京城的布局以皇城为中心。皇城平面成不规则的方形，位于全城南北中轴线上，四向开门，南面的正门就是承天门(清改称天安门)。天安门之南还有一座皇城的前门，明称大明门(清改名大清门)。皇城之内建有内容庞杂、数量众多的各类建筑，包括宫殿、苑囿、坛庙、衙署、寺观、作坊、仓库等。

作为皇城核心部分的宫城(紫禁城)位居全城中心部位，四面都有高大的城门，城的四角建有华丽的角楼，城外围以护城

· 33 ·

河。从大明门起,经紫禁城直达北安门(清改称地安门),这一轴线完全被帝王宫廷建筑所占据。按照传统的宗法礼制思想,又于宫城前的左侧(东)建太庙,右侧(西)建社稷(祭土、谷之神);并在内城外四面建造天坛(南)、地坛(北)、日坛(东)、月坛(西)。天安门前左右两翼为五府六部等衙署。明代紫禁城是在元大都宫城(大内)的旧址上重建的(稍向南移),但布局方式是仿照南京宫殿,只是规模比南京更为严整宏伟。

北京全城有一条全长约 7.5km 的中轴线贯穿南北,轴线以外城的南门永定门作为起点,经过内城的南门正阳门、皇城的天安门、端门以及紫禁城的午门,然后穿过大小 6 座门 7 座殿,出神武门越过景山中峰和地安门而止于北端的鼓楼和钟楼。轴线两旁布置了天坛、先农坛、太庙和社稷坛等建筑群,体量宏伟,色彩鲜明,与一般市民的青灰瓦顶住房形成强烈的对比。从城市规划和建筑设计上强调封建帝王的权威和至尊无上的地位。

内城的街道坊巷仍沿用元大都的规划系统。由于皇城梗立于城市中央,又有南北向的什刹海和西苑阻碍了东西直接的交通,故而内城干道以平行于城市中轴线的左右两条大街为主。这两条干道一自崇文门起,另一自宣武门起,一线引伸,直达北城墙,北京的街道系统都与这两条大干道联系在一起。但东西方向交通不便,反映了封建帝都为帝王服务的特色。与干道相垂直而通向居住区的胡同,平均间距约为 70 余米,这是元大都时留下的尺度,但达官显贵的王府官舍往往跨胡同而建,并不受此限制,占地广大的皇室署所官库也常阻塞胡同交通,数量可观的寺庙祠观散置于大小街巷,而城市平民的住房和轮班入京服役的"匠户"房舍则被挤于街巷背后与大宅隙地。

北京的市肆共 132 行,相对集中在皇城四侧,并形成四个商业中心:城北鼓楼一带;城东、城西各以东、西四牌楼为中心;以及城南正阳门外的商业区。各行业有"行"的组织,通常集中在以该行业为名的坊巷里。如羊市、马市、果子市、巾帽胡同、罐儿胡同、盆儿胡同、豆瓣胡同之类,其中很多是纯粹为统治阶级生活服务的,如珠宝市、银碗胡同、象牙胡同、金鱼胡同等。

明朝是在元末农民大起义的基础上建立起来的汉族地主阶级政权。明初为了巩固其统治,采用了各种发展生产的措施,如解放奴隶、奖励垦荒、扶植工商业、减轻赋税等,使社会经济得到迅速恢复和发展。到了明晚期,在封建社会内部已孕育着资本主义的萌芽,许多城市成为手工业生产的中心,如苏州是丝织业中心,松江是棉织业中心,景德镇是瓷器制造中心,芜湖是染业中心,遵化是冶铁中心等。每个城市都有大批出卖劳动力的手工业工人,有的城市已经进行罢市、暴动的斗争。自明中叶后,腐朽的封建统治已成为社会发展的枷锁。在农业与工商业发展和郑和7次下西洋(今东南亚及印度洋沿岸)的基础上,对外贸易也十分繁荣,和日本、朝鲜、南洋各国以及欧洲的葡萄牙、荷兰等国开展了贸易。广州成为中国最大的对外贸易港口。由于金、元时期北方遭到的严重破坏和南宋以来南方经济发展相对比较稳定,使明代社会经济和文化呈现南北不平衡。

(二)清代古建筑

1. 藏传佛教建筑兴盛

由于蒙藏民族的崇信和清朝的提倡,兴建了大批藏传佛教建筑。仅内蒙古地区就有喇嘛庙1000余所,加上西藏、甘肃、青海等地,总数更多。顺治二年开始建造的西藏拉萨布达拉宫,既是达赖喇嘛的宫殿,又是一所巨大的佛寺,这所依山而建的高层建筑,表现了藏族工匠的非凡建筑才能。各地藏传佛教建筑的做法大体都采取平顶房与坡顶房相结合的办法,也就是藏族建筑与汉族建筑相结合的形式。康熙、乾隆两朝,还在承德避暑山庄东侧与北面山坡上建造了12座喇嘛庙,作为蒙、藏等少数民族贵族朝觐之用,俗称"外八庙"。其中有的是仿西藏布达拉宫,有的是仿西藏扎什伦布寺,还有的是仿某地区寺院的风格而建成。这些佛寺造型多样,打破了我国佛寺传统的、单一的程式化处理,创造了丰富多彩的建筑形式。它们各以其主体建筑的不同体量与形象而显示其特色,是清代建筑中难得的上品。

2. 简化单体设计,提高群体与装修设计水平

雍正十二年颁行的工部《工程做法》一书,列举了27种单体建筑的大木做法,并对斗栱、装修、石作、瓦作、铜作、画作、雕銮作等做法和用工、用料都作了规定。在清代建筑群实例中可以看到,群体布置手法十分成熟,这是和设计工作专业化分不开的。清代宫廷建筑的设计和预算是由"样式房"和"算房"承担:由于苑囿、陵寝等皇室工作规模巨大,技术复杂,故设有多重机构进行管理,其中"样式房"与"算房"是负责设计和预算的基层单位。工程开始前,即挑选若干"样子匠"及"算手"分别进入上述两单位供役。在样式房供役时间最长的当推雷氏家族,人称"样式雷"。至今仍留有大量雷氏所作圆明园及清代帝后陵墓的工程图纸、模型及工程说明书(图纸称"画样",模型称"烫样",工程说明书称"工程做法",这是一份非常珍贵的研究清代建筑的档案资料)。

3. 建筑技艺仍有所创新

例如采用水湿压弯法,可使木料弯成弧形檩枋,供小型圆顶建筑使用;采用对接与包镶法,用较小较短的木料制成长大的木柱,供楼阁作通柱之用(其方法是用2根以上的圆木对接,外面再用若干长条木楞镶包起来,并用铁钉、铁箍固结,形成大直径的长柱)。这种办法在宋代、明代虽已使用,但不如清代普遍与成熟。显示清代砖石建筑成就的主要是北京钟楼。

钟楼总平面　　　　　　　　　　　钟楼立面

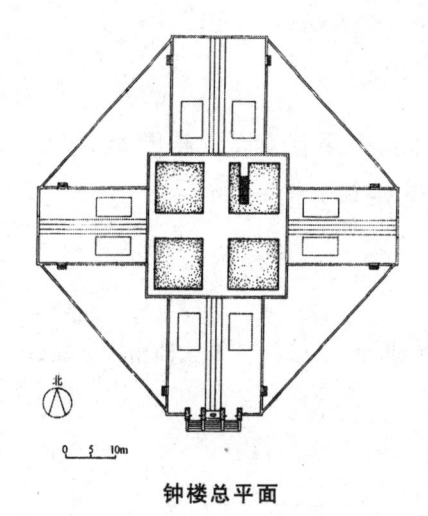

图 1-23　北京钟楼

第三节　中国古建筑的类型

一、功能类型

功能是指建筑的用途与使用要求，是人们建造房屋的主要目的之一，对中国古代建筑而言，功能类型指的不是某一个单体建筑，而是组群建筑。单体建筑只是完成群体组合的空间单位，功能只有在群体之中才能发挥其作用。

(一) 住宅建筑

住宅建筑在任何一个时代都是最大量的建筑，我国北方的大院、南方天井院以及具有强烈民族和地域特色的乡土民居等都属于这一类型。

(二)园林与风景建筑

园林与风景建筑包括皇家苑囿、衙署园圃、寺庙园林、私家园林以及风景名胜区的亭台楼阁等建筑。

(三)行政建筑

行政建筑包括宫殿建筑、衙署建筑、公馆、贡院、邮铺、驿站、军营、仓库等。

(四)商业与手工业建筑

商业与手工业建筑包括商铺、会馆、手工作坊、酒楼、茶肆、旅店、货栈等。

(五)宗教建筑

宗教建筑包括佛教寺院、道教宫观、基督教堂及其他宗教活动建筑。

(六)礼制建筑

礼制建筑是以祭拜天地、鬼神为核心而设立的祭祀类建筑，如以天地自然神为祭祀对象的坛庙，以祖先祭祀为核心的太庙、祠堂，以历代先贤祭祀为核心的各类先贤祠等。

(七)市政与标志性建筑

市政与标志性建筑包括钟鼓楼、市楼、望火楼、桥梁、风水塔、航标塔、牌坊、华表等。

(八)教育与文化娱乐建筑

教育与文化娱乐建筑主要有官办的国子监、私学书院、观象台、藏书楼、文会馆、戏台、戏场等。

(九)防御性建筑

防御性建筑包括城垣、门楼、箭楼、角楼、更铺(设于城墙之上供军士值夜之用)、串楼(南方城墙上设长廊周匝,以避烈日霪雨)、墩台等。

(十)城镇建筑

城镇建筑主要是指中国古代的城防建筑,主要是为了保护城市能有效地抵御外来侵略,保证城市及人民的安全。一般包括炮台、要塞、碉楼,总的来说就是城墙和城楼,当然也包括边界的长城等。

(十一)庙坛建筑

庙坛建筑起源于祭祀,主要有三种类别,第一种是祭祀天然神的,在古人看来所有人的力量无法达到的都归结为神的力量,例如水的力量,火的力量等。第二种是祭祀祖先的,例如各种太庙、祠堂等。第三种是先贤祠庙,如孔子庙、诸葛武侯祠等。

(十二)陵墓建筑

陵墓建筑出现的重要原因就是中国古人相信人死以后灵魂是不灭的,以致于在陵墓建筑的发展过程中,此类建筑成为中国古建筑中最宏伟、最庞大的建筑群之一,也融合了绘画、书法、雕刻等多种艺术。

(十三)宫殿建筑

宫殿建筑也叫宫廷建筑,古代皇帝为了巩固自己的统治,突出皇权,而建造了规模宏大、气势雄伟的建筑群。

(十四)学宫与书院

古代中央和地方都有官办学校,这种官办学校就叫学宫,通常和文庙在一起。而私学教育场所则为书院,是唐宋至明清出现的一种独立教育机构。

(十五)古桥建筑

中国是桥的故乡,自古就有"桥的国度"之称,发展于隋,兴盛于宋,其中有不少桥梁成为世界桥梁史上的创举,充分显示了我国古代劳动人民的非凡智慧。

二、材料类型

(一)木构建筑

木构建筑包括中国古代建筑中的抬梁式、穿斗式、井干式等房屋,木构建筑在中国古代建筑中使用最为广泛,从平原地区到山区,从炎热地区到寒冷地区都有其踪迹。

(二)砖石建筑

砖石建筑包括砖塔、石塔、锢窑、无梁殿、石窑、石窟、桥梁等。

(三)石木混合建筑

石木混合建筑多见于川藏地区的碉房,以砖墙和木楼板混合承重为特征。

（四）砖木混合建筑

砖木混合建筑包括以砖墙与木构架混合承重的建筑或者是下部采用砖拱券，上部采用木构架的房屋。

（五）竹构建筑

竹构建筑多见于南方多竹地区的竹构干阑。

（六）生土建筑

生土建筑多见于黄土地区的窑洞建筑。

三、单体形态类型

（一）宫殿

宫殿专指帝王所居住的和供奉神佛的高大建筑物。宫殿是单体建筑中的最高等级，多布置在中轴线上显要的位置，屋顶多为庑殿式与歇山式，殿必须有正脊与正吻，即所谓的"无吻不为殿"。

（二）楼阁

楼与阁起源于干阑式建筑，都是表达两层及多层建筑的名词。楼，本意是重屋。阁，是指带有平座层和腰檐的建筑，现已不区分。功能上阁还指兼有储藏作用的房屋。

（三）厅堂

厅堂一般指在宅第中建造在建筑组群纵轴线上的主要建筑，多作为正式会客、议事或行礼之所。宗祠、衙署、园林中的主要建筑也称为堂。

(四)斋

斋并无特殊的形态,燕居之所称为斋,学舍书屋也称为斋,后泛指专心进修的场所。

(五)塔

塔又称作率堵坡,原是存放有佛教圣物以供佛教徒膜拜的构筑物,后根据用途又有佛塔、墓塔、经塔、风水塔、灯塔等之分。

(六)馆

馆旧指招待宾客供应食宿的房舍,明清以来的会馆是馆的较大形式,专指为旅居异地的同乡人共同设立的,供同乡、同业聚会或寄居的馆舍。馆也可以是文教类建筑,如学馆。园林中馆是用来游览、眺望、起居、宴饮的建筑。

(七)亭、廊、轩、榭

1. 亭

我国古代亭的种类很多,按功能来分,数量和式样最多的是园林和风景区的"景亭"。此外还有用于其他目的的,如立碑的碑亭、路边供人休息的凉亭、护井的井亭,悬挂钟鼓的"钟亭""鼓亭"等。按平面来分,有四边形、六边形、八边形、圆形等。此外还有各种特殊的形式,如扇面、套方等。在古建筑设计中不仅要考虑好亭子本身的造型,亭子位置选择尤为重要。因为对亭子本身造型的考虑是在选定基址后,依所在地段的周围环境进一步研究亭子本身的造型,使其与环境很好地结合起来。亭子位置的选择对于建筑群,尤其是园林的空间规划是非常重要的,在选择位置时既要考虑游人停留观景的需要,还要考虑亭子对景色点缀的作用。

2. 廊

廊,古建筑屋檐下的过道或独立有顶的通道。在园林建筑中,廊除了作为建筑物之间的通道外,还有供游人停留、休憩、观赏景物之用。

3. 轩

"轩"也是一种比较特殊的建筑形式,它的特点是一面无墙壁、门窗,全开敞。这种建筑一般也是用在园林之中,用于游览休息、饮茶观景。因此,轩一般建造在景色优美而且观景最佳的地方。

4. 榭

"榭"一般指建在水边的建筑,大多出现在园林之中。一般通过架立的平台使建筑一半悬挑于水上,一半立于岸上,跨水部分多为石梁柱结构,而挑出水面的平台也是为了便于观赏园林景色获得池岸难得的开阔视野而设。同时建筑一半悬于水上,也给园林景观增添了更多的趣味。

(八)门

门是作为入口标志的建筑物,形制上有墙门(如园林中的月洞门)、屋宇门(如寺庙中的山门、四合院的大门)、台门(北京故宫午门、城门)、阙门及牌坊门(仅作为入口标志)。

(九)桥

桥供行人等跨越水体(河流、湖泊)、山谷使用的构筑物。桥有各种形态,如平桥、棋桥、廊桥、浮桥、拉索桥等。

第二章 不同功能类型的中国古建筑

神州大地上，拥有众多的古建筑和灿若繁星的景观。单从古建筑来讲就有众多的类型，如侧重于防御的城镇建筑、侧重于意境和自然情趣的园林建筑、侧重于宗教艺术的欣赏和对人生启示的宗教建筑、侧重于祭祀与丧葬功能的庙坛与陵墓建筑、侧重于表现皇权以及凝聚工匠聪明才智的宫殿建筑等。为此，本章通过剖析城镇、园林、民居、宗教、庙坛与陵墓、宫殿、学宫与学院、古桥等几类建筑，理清它们的发展轨迹，总结它们的艺术特色，为不同类别的古建筑设计提供理论支撑。

第一节 城镇建筑

一、城镇建筑的历史沿革

中国古代城防建筑的发展从新石器时代早期的墙垣开始大量夯垒，到明清时期的城关最终辉煌构筑，其间社会变迁和民族融合所显示的城池文化悠久而伟大，令人叹为观止。

（一）原始社会与夏、商、周时期的城池

新石器早期，北方黄河流域的原始人起居，由地穴式洞窟向地面建筑的房屋过渡；长江流域的人们则居住在干栏式的房子内,出现了房屋、聚落,这样的居住形式均需要部落的垣围,从史前时期古城址遗存发掘看,聚落周围大多挖掘有壕沟,以防御外来的侵袭,由此出现了城防建筑的雏形。裴李岗文化遗址,距今8000~7400年,在今河南新郑,还有同期著名的大地湾文化遗址等。这些遗址为新石器早期城池文明的突出代表。

已发掘的疑为黄帝故都的河南新密市古城寨村一座保存相当完好的4000年前的古城址表明了史前城池文明的成就。这座古城面积达17.6万平方米,至今仍然保存着三面高大的城墙和南北相对的两个城门缺口,是中原地区规模最大、城墙保存最好的龙山文化晚期都城。总的来说,夏代国力尚不强大,城市规模不大,筑城技术也较原始,尚处于城防工程发展初期,但城池的军事堡垒功能已十分突出。

商代城市的规模较前代明显扩大,宫殿和宗庙建筑大量涌现,商朝曾数次迁都,因此都城建设更为频繁。目前发现的商代城市主要有河南偃师二里头遗址、郑州二里岗商城、安阳殷墟和湖北黄陂盘龙城遗址等。商代这些城池的城墙,皆为黏土夯筑,土质密实,夯打坚实,系采用分段夯筑、逐级延伸的版筑法。墙体呈阶梯形,上窄下宽,墙基宽约10~20m不等。土质分层夯实,至今仍保留有密集的夯窝。墙体内外两侧有斜坡状的夯土护墙坡。城的每面都有门,从一门至三门不等。从已发掘的偃师商城遗址西门看,墙体为土木混合建筑。门宽约2m,门道长16m。门道两侧各筑有一道木骨夯土墙,并竖有一排木柱,柱底有石柱础,可以想见其上应建有高大的城门头。城内布局井然有序,城门之间有大道相通,纵横交错,形成棋盘格局,中国传统都城布局思想,已见于商代都城。在河南偃师二里头遗址中心发现了数十座大面积的夯土建筑基址,多为宫室建筑基址,其周围围有城墙形成宫城。在郑州商城内宫殿的东北侧,发现有祭坛一处,是商王祭祀祖先的地方,或许这就是"左祖右社"的先声。

周代奉行礼制,周的王城等级最高,其城"方十二里",也就是城市的平面边长各为12里(周代的一里约合今416m)。周天子以下的各级诸侯国所建的都城,其规模大小都要根据城主的等级分别递减,不得僭越。而方正的城市形态,方格网道路体系纵横交织,宫城居于城市中轴线上,宫城之中前设朝堂,宫后辟市场等城市格局,对中国古代的城市建设产生了极其深远的影响。周代营造了两座都城,一是西都丰京与镐京,一是东都的成周与王城。西周鲁国的都城曲阜鲁城,古称少昊之墟,其规制与《周礼·考工记·匠人》所载王城的制度颇为近似。平面呈回字形,充分体现了所谓"筑城以卫君,造郭以守民"的理念。

(二)春秋战国与秦汉时期的城池

春秋战国时期,各诸侯国竞相筑城以自卫,城池建设取得了空前发展。楚、齐、燕、赵、魏、秦还在自己的国境线上修筑长城。这些城垣大多为夯土版筑,也有用石块垒砌的。

秦汉两朝,中国历史上第一次建立统一的中央集权大帝国,为了防御北方匈奴南侵和巩固自身政权,大力修筑防御工程。除了大规模修长城,秦代大修咸阳城,汉朝则修筑了京城长安与东都洛阳;地方城邑也多沿着战国以来各诸侯国都城而修建,但亦非战国时期的规模了。

(三)魏晋与唐宋时期的城池

两晋南北朝时期的城垣建筑,规模较大和使用较长者只有邺城、统万城、洛阳和建康几座城。据史料记载,隋东都洛阳城的城阙宫殿巍峨壮丽更胜于大兴城。唐长安、洛阳两城继承了前朝的格局。唐代物质丰盈、文化鼎盛,皇家不断增修宫室、寺院,贵族官宦时时增建园林豪宅,唐长安、洛阳城比隋代更加宏丽完善。

除都城外,沿隋代开凿的运河还兴起了一批繁华的商业城市,如扬州、杭州、汴州城等即是其中的佼佼者,其繁荣美丽延续

第二章　不同功能类型的中国古建筑

至今。总之,隋唐两代将中轴对称、分区明确的方格网、封闭里市类型的城市发展到了巅峰,影响遍及东亚地区。

在中国城市规划史上,北宋汴梁城的改建使都城布局又发生了一次划时代的转折。全城自内而外有皇城、内城、外郭三重城墙。内城位于外郭城中部,皇城位于内城中偏西北。三重城墙层层相套,各有护城河,防御体系坚实而严密,这种布局为后代都城所沿袭。

(四)元、明、清时期的城池

元世祖忽必烈夺得大汗位以后,即着手营建大都城,至元三年(1266)命刘秉忠主持负责选址、设计与营造,历时十年完成。元大都位于金中都东北,以金代建的琼华岛离宫为中心,这是充分利用高粱河水系建设的一座气势恢弘的新都城。元大都南北7.4km,东西6.635km,建有宫城、皇城、大城三重城垣。方形的平面、棋盘格的道路系统、左祖右社、前朝后市的布局与《周礼·考工记》中都城的规划相近。同时,在实际建设中又充分结合地形和社会经济的实际需要,元大都遂成为中国城市乃至世界城市建筑史上的经典,并为明、清北京城的建设打下了坚实的基础。

明清时期,地方经济文化较为发达,形成了一批具有鲜明特色的地方城市,如以钱庄票号、深宅大院著称的山西平遥,以私家园林和江南水乡为特色的江苏苏州等。不过当时最重要的城市还是北京和南京。明南京的城市规划特点是因地制宜、结合山水、分区明确、政商兼顾、突出防御。明南京城非常重视防御工事的设计,城门内外建有多重瓮城、内辟藏兵洞,可谓机关重重。抗日战争中,中国守军曾依托城墙、城门与日军进行过殊死战斗。

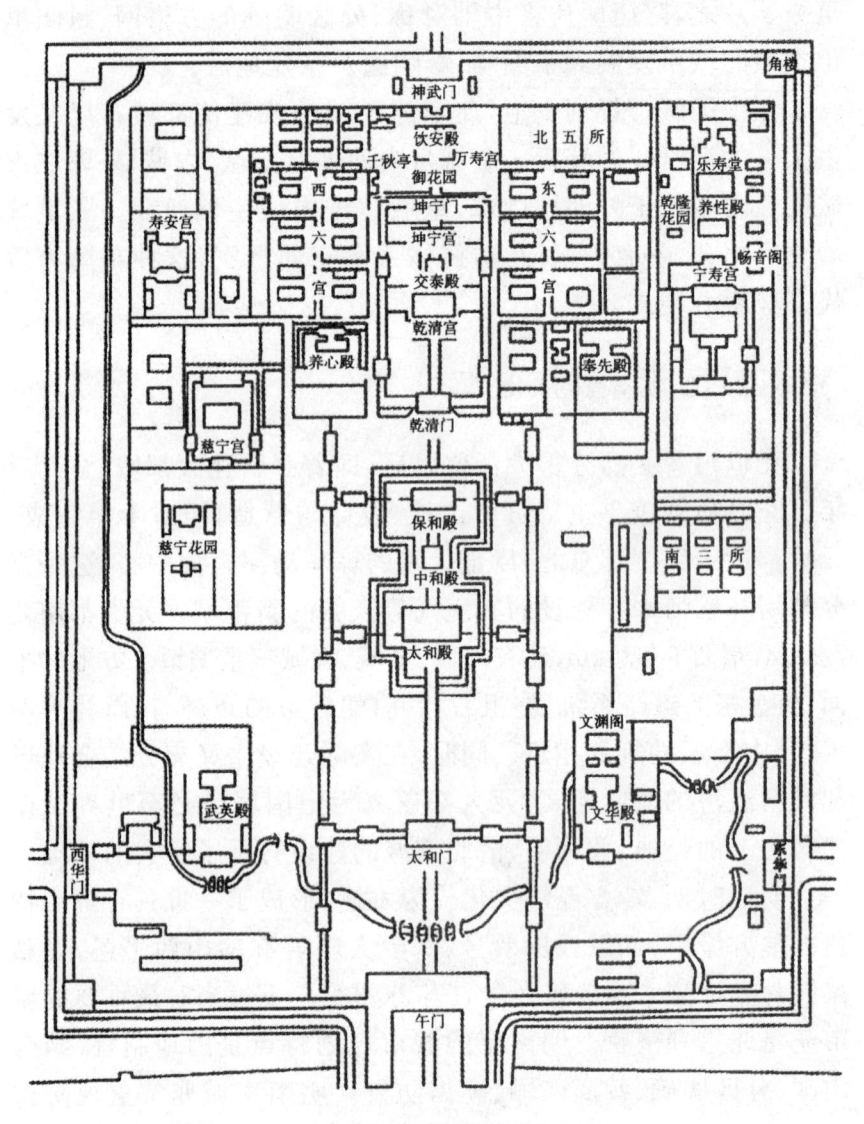

图 2-1　紫禁城平面

明成祖迁都北京后,在元大都的基础上进一步改建北京。永乐五年(1407)开始筑北京城及宫殿,前后历时十多年。北京城沿用前代的重城制,设宫城、皇城、内城、外城四重制。宫城也就是紫禁城。皇城周长 18 里,四向辟门,今之天安门,即明皇城南墙正中的承天门。内城东西长 6.665km,南北宽 5.35km,南面三门,东、北、西各二门,这九门都有瓮城,城门台上建有城楼与箭楼,城角还建有角楼。城墙每隔不远处建有城台(马面),每座城台上建铺房一间,全城共建有城台176座。城墙外侧挖掘有城壕。城墙的河水出入处建有大水关两座,小水关六座。前门是内城的正门,也叫正阳门。明嘉靖修筑的外城最终没能完成,永定门是外城的正门,位于南垣正中。

二、城镇建筑的艺术特色

(一)大尺度空间艺术

建筑与道路的交织构成了城市的基本框架。

(二)三度空间艺术

城市建设艺术由城市地形地貌、园林绿化和建筑群体共同组成,实际上就是一种三度空间艺术。

(三)四维空间艺术

城市建设艺术是一门有很强综合性的造型艺术,既要考虑城市空间环境上的协调,又要顾及可能产生的强烈对比。如何取得两者之间的辩证统一,使城市建设艺术面貌能反映出时代的特征,也是城市建筑艺术面临的新课题。

建筑形象是城市形象完美构图中不可缺少的组成部分。一个城市是有序的而不是杂乱无章的,众多的不同功能的建筑有机地构成一座城市、一组建筑群。它们在群体中有各自的定位,主宾有序。

第二节　园林建筑

一、园林建筑的历史沿革

(一)模拟自然山水阶段——秦汉以前

本时期以秦汉为代表,以规模宏大、气魄雄伟的宫廷园林为主流,是权势和财富的象征。贵富们修造园林不仅为了游乐玩赏,而且还带有扩张地盘、开拓生产的目的,因此,他们往往把园林建于郊野之地。秦时上林苑,"作长池、引渭水、筑土为蓬莱山",开创了人工堆土为山的记录。上林苑水体不仅仅是观赏游乐的需要,更重要的是训练水军、生活、生产的需要。

汉武帝时期的建章宫,堆土为山,池中堆土为蓬莱、方丈、瀛洲诸山,以象征东海神山。这是模仿自然山水的造园方法和池中置岛布局方式的再次利用。除此之后,西汉时期已开创了人工山水配合花木房屋而成园景的造园风格。

(二)山水园林的奠基时期——魏晋南北朝

魏晋南北朝政权更替,战争连年不断,汉以来占统治地位的儒家思想衰落,"专谈玄理,不理时政"成为一时的时尚。园林造山已从汉代期待神仙和宴游玩乐为目标转变为对自然美的欣赏,表现自然美成为园林的主流;另一方面,名士高逸和佛教僧侣为逃避尘嚣而寻找清净的安身之地,出现公共游览的城郊风景点,也促进了山区景点的开发。

谢灵运的"网罗天地于门户,饮吸山川于胸怀"的空间意识得以广泛应用:"落叶半床,狂花满屋,名为野人之家,是谓愚公之谷。"魏晋南北朝时期这种不事藻饰、唯求自然的园林风格影响深远。随着园林小型化趋势的加强,采用概括、再现园林意境的写意手法渐占主要地位。堆山的目的是为追求"仿佛丘中,有若自然"。松、竹、梅、石成为文人雅士的宠物。中国山水风景园作为一种艺术到南北朝时期已形成稳定的创作思想和方法:多向、普遍、小型、精致、高雅、人工山水写意是本时期园林发展的主要趋势。魏晋南北朝时期是我国自然式山水风景园林的奠基时期,由物质认识转向美学认识的关键时期。

(三)风景园林全面发展时期——唐代

唐朝政通人和,儒、道、释互补,思想活跃,经济发达,园林发展进入全盛时期。从城市及近郊的公共场所园林建设到帝王、文人士大夫、富商等园林营构,再至山居别墅的开发,不仅量大面广,而且成就卓著,体现了唐代园林疏朗、淡雅、清越的风格。

唐代园林体现出以下几个特点:

第一,城市和近郊风景点有所发展。为官一任,造福一方,各地官员为标榜政绩,同时为城市人民营造良好的游乐环境,改观城市面貌,利用自然环境的优势,大力营造城市和近郊风景点。这类园林一般具有规模大、公共性强、建设周期长、有自然环境依托等特点。文人的介入,使园林建设更富有浪漫色彩,颜真卿、白居易、柳宗元等为理论与实践相结合的风景建筑家。有中国"四大名楼"之称的黄鹤楼、岳阳楼、滕王阁和鹳雀楼,即是这类景区的点睛之作。

第二,各地私家园林兴建日益趋于小型化。白居易赞小池"勿言不深广,但足幽人适",以小喻大,在方圆数丈的水池中追求江湖烟水之趣。甚至出现了盆池,杜牧写《盆池》:"凿破苍苔地,偷他一片天,白云生镜里,明月落阶前。"园林小型化促进了小庭院的发展,如竹院、梅院等。

图 2-2　留园清风池馆

第三,帝室苑囿和离宫的兴作极盛。隋炀帝时期洛阳西苑,以人工湖为中心,湖上建有方丈、蓬莱、瀛洲三座仙山,湖之北所建各样的十六宫院,形成"苑中园"的特色,开创出别样的离宫型皇家园林,成为清代圆明园的滥觞;唐长安都城周围有苑囿多处,以城北禁苑和城东南的曲江池、骊山为主要内容。其中城东南终南耸峙,河流密布,既有高大雄伟的山原,又有突然凹陷的低地,取其自然之美再加以人工的雕凿,建设风景优美的游乐胜地,实在是再理想不过的。曲江池、骊山华清宫就是自然之美大放异彩的典型代表。

(四)造园活动更普遍时期——两宋

宋代造园艺术因徽宗的喜好而达到顶峰,以书画著称的赵佶设计营造的汴京(今开封)西北角的著名园林"寿山艮岳"为代表。

宋代追求奇石,开创了叠石造山的记录,是继堆土为山以来人工写意造景的一大创造,同时启蒙了枯山水的萌芽;宋代在植物配置方面,栽培、驯化、嫁接技术有很大发展,植物种类超过自然界的存在;建筑方面,亭、台、轩、榭型制多种多样,造型绚丽多姿。"夜缺一檐雨,春天四面花"的三角亭即为典型写照;建筑屋顶样式有十字脊、勾连搭、丁字脊,丰富多彩;园林格局疏密错落,有的追求清淡脱俗、典雅宁静,有的可供坐观静赏,而在峰峦之势,则可以远眺近览,宋画黄鹤楼、滕王阁、临江阁,其体形组合、屋顶穿插和环境结合诸多方面所表现的娴熟设计技巧仍能使今天的建筑师为之倾倒。

(五)古代园林最后兴盛时期——明清

清代帝王苑囿规模之大,数量之多,建筑量之巨,是任何朝代不能比拟的。自从康熙平定国内反抗,政局较为稳定之后,就开始建造离宫苑园,从北京香山行宫、静明园、畅春园到承德避暑山庄,工程迭起。宗室贵戚也多"赐园"的兴作。畅春园是在明李伟清华园的旧址上建造起来的离宫型皇家园林,前有宫廷,后为苑园。避暑山庄创于康熙四十二年,规模更大,总面积达8000余亩,也是前宫后苑的布局。雍正登位后,将他做皇子时的"赐园"圆明园大事扩建,成为他理政与居住之所,当时面积约3000亩,乾隆时扩建至5000余亩。乾隆朝是清代园林兴作的极盛期,醉心游乐的乾隆帝曾6次巡游江南,并将各地名园胜景仿制于北京和承德避暑山庄,又在圆明园东侧建长春、绮春两园,其中长春园还有一区欧洲式园林,内有巴洛克式宫殿、喷泉和规则式植物布置(现存圆明园西洋建筑残迹即属之)。又结合改造瓮山前湖成为城市供水的蓄水库,建造了一座大型园林——清漪园(光绪间改名为颐和园)。从而在北京西北郊形成了以玉泉、万泉两水系所经各园为主体的苑园区。

唐模位于皖南歙县县城西约10km处,是汪、程、吴、许诸姓世居之地。清康熙年间,许承宣、许承家兄弟赐进士出身,遂在村头立牌坊,曰"同胞翰林",并在村东溪南高地上建许氏文会馆,作为文人雅集之所。其中的内容多样,人工构筑与自然地形结合得非常巧妙,创造出了一种私家园林所不具备的田园风光之美。

乾隆间村人又建檀干园,与文会馆隔溪相望。园中开池筑岛，岛上建镜亭，以玉带桥与园外相连。沿池岸上多植檀树及紫荆、桃、桂、梅等花木，池中植荷莲。镜亭有联句曰："桃露春秾，荷云夏净，桂风秋馥，梅雪冬妍。"它描述了当年园内四季花开的景象。当时人以为此园有杭州西湖意趣，又称之为"小西湖"。目前这里原有的建筑如许氏文会馆已毁，许氏宗祠仅存最后一进，但路亭、曲桥、檀干园水池、池上镜亭、玉带桥及部分老树古木都保存较好。而且山川形胜未改原貌，布局轮廓约略可见，昔日神韵并未完全丧失。近年对檀干园的亭馆作了修复。

二、园林建筑的艺术特色

（一）自然风趣的环境艺术

中国园林建筑讲求自然风趣的环境艺术，主要从园林中水、山、径、石、洞等方面得到体现，形成的是一种以自然界山水为蓝本，然后又高于自然的一种造园艺术，体现出自然美与人工美的完美结合。

图 2-3　颐和园十七孔桥

（二）多曲、多变、雅朴、空透

中国的园林艺术其实也是传统古典美学的体现,例如典雅、朴素、空灵、透彻等,当然还有设计出来的与环境和谐的曲径、曲廊、飞檐翘角等。

图 2-4　拙政园

第三节　民居建筑

一、民居建筑的历史沿革

（一）中国原始民居

追溯中国民居的久远渊源,毋庸置疑在原始社会时期,洞穴和巢穴是古人类遮风避雨之所。

1. 穴居

洞穴的选址必须具备一些适合生存的基本条件,比如,洞穴一般建在地势较高的地方,而且大都比邻河流,从而便利生活和满足狩猎、捕鱼的需要。洞穴的方位一般朝南或朝东,位于阳坡,这样可以阻挡寒风的侵袭。同时,洞穴还要进出自如,利于防范野兽的进攻。一般的洞穴,洞前比较开阔,洞内比较干燥,冬暖夏凉。

在旧石器时代结束、新石器时代伊始的时候,半穴居民居出现了。所谓半穴居民居就是掘土为凹地,然后在上面立柱搭棚。房屋的一半在地下,一半在地面。这种房屋不高,但很节省材料,并且坚实稳固,北方曾广泛采用这种形式。

2. 巢居

在若干万年前,我们的祖先像鸟一样在树上栖息,这种居住现象叫作"巢居",是与穴居同时并存的一种居住形式,特指在树上筑巢而居。巢居在南方很流行,南方的气候迫使先民们先是缘树而栖,后来才发展为"构木为巢",利用树枝搭建起简单的树屋,来躲避自然的风雨、野兽的侵害和潮湿的威胁。

3. 干栏

这种建筑主要在长江流域及以南地区为主,一般上层用竹料、木材,下层用砖、泥等,屋顶用茅草、树皮、陶瓦等进行构筑。

(二)夏商周时代民居

在初具社会形态的夏商周时期,那些稚拙朴素的房屋,勾勒出中国民居的最初轮廓。

1. 夏代民居

夏代居民大多生活在黄土高坡,或是以灌木、草木为特色的森林草原、湖泊沼泽。所以选择的居址一般在河道比较稳定的大河支流两岸阶地或阳坡,这些地方采光较好,土壤疏松肥沃而又利于农作,靠近水源便于生活,地势相对较高,既不潮湿伤身,又可防范敌侵及避免水患。

刚刚有了一些建筑技术的夏代,一般民居的建筑样式还比较简单,主要有平地起建筑、半地穴式建筑、窑洞式建筑三种类型。

2. 商代民居

随着农业生产力的逐步扩大和手工艺的出现,商代的民居多分布在商城内城根和城外工业作坊区,大致维持了以氏族或家族为单位的分片聚居形态。

此时的民居对生态环境的选择,已兼顾到土质、地貌、气候、水利等多重利用因素,重视总体的安排,基本上贯彻了便于生活、便于生产、便于交通、保障安全防范的原则。与现代居住的情景恰恰相反,城内的居住条件往往不如城外的居民,城内都是些长方形或正方形半地穴式小住所。城外作坊区的工官及其族氏家室的住所,一般要优于城内民室。

3. 周代民居

周代形成了以院落为中心的合院式房屋群落组织方式,有"前堂后室"的空间划分,并发展成为中国传统房屋的主要组织形式——四合院。在陕北地区,经过人们的不断摸索和改进,半地穴式窑洞逐渐发展成为全地穴式窑洞,也就是今天的土窑洞。

(三)春秋战国时期民居

春秋战国时代,建筑技术进一步发展成熟,并出现了很大的飞跃。木结构成为主要结构形式,大都属于台榭式建筑,以阶梯形夯土台为核心,倚台逐层建木构房屋,借助土台,聚合在一起的单层房屋形成类似多层大型建筑的外观。春秋时代士大夫阶级的住宅在中轴线上有门和堂,大门的两侧为门塾。门内是庭院,院内有碑,用来测日影以辨时辰。正上方为堂,是会见宾客和举行仪式的地方。堂设有东西二阶,供主人和宾客上下之用。此时屋面已大量使用青瓦覆盖,晚期开始出现陶制的栏杆和排水管。战国时期,用丹漆彩绘装饰屋宇已成为较普遍的现象。

(四)秦汉时期民居

1. 秦代民居

秦代的营造方式延续了前代的遗风,先筑高土台子,然后依台建筑多层的楼台宫室。秦代民宅的基本形式是一堂二室。建筑形式以夯土和木框架的混合结构为主,屋顶大多是悬心式顶或囤顶。每个房间都有窗,形状有方形、横长方形、圆形等。窗棂以斜方格居多,也有作垂直密列形的。有的房间还特设许多小窗来增加亮度。民居周围常有围墙,自成院落。此时的建筑技术融合了不少的艺术加工,使房屋显得更加美观漂亮。

2. 汉代民居

中国民居到了汉代的时候已有定型并逐渐走向成熟,汉代以后的民居开始由前期的简约质朴转向异彩纷呈。贵族宅第由前后堂和几个四合院式庭院组成,另外还附属有园林。贵族豪门的深宅大院,平面呈"一字形"或"曲尺形",同时也出现了"三合式"和"日字形"。院落内门、堂、庭院、正房、后院、回廊等已趋完备;平民则是"一堂二内"的住屋形制,平面以方形或长方形为主,屋门在房屋一面的中间,有的偏在一边。窗有方形、横长方形、圆形多种。房子大多是木构架结构、夯土筑墙、屋顶为悬山式或囤顶。

(五)魏晋南北朝时期民居

魏晋南北朝时期是中国历史上一个民族文化融合的时代。

第二章 不同功能类型的中国古建筑

当时政治动荡,民族矛盾愈演愈烈,思想艺术空前活跃,民居建筑也体现出纷繁变幻的风尚和格局。

此时的中国民居开始由较为单一的建筑形式转变为多样的建筑形式。民居装饰在继承前代的基础上,表现得更加生动,雕刻纹饰多样,花草、鸟兽、人物等充满了时代的创新精神,为此时的民居文化注入了新鲜的血液。

建筑装饰在继承前代的基础上,脱离了汉代的格调,开创了一代新风,增添了更多生动的雕刻,如花草、鸟兽、人物等纹饰。

(六)隋唐时期民居

隋唐时期伴随着社会的逐步稳定、国家的统一、经济快速发展而逐渐走向辉煌,中国民居在这次复兴中得到了最大的伸展,进入了一个全面飞升的巅峰时代。

隋唐时期,在经济繁荣的背景下,民居的形制也更加繁复多姿,但基本的核心模式仍以四合院为主。贵族、富人的四合院的大门多采用乌头门的形式,宅院内由有直棂窗回廊连接的两座主要房屋,从而形成四合院,此种格局具有明显的中轴线和左右对称的平面布局。随着贵族宅第的逐渐兴盛,原本只在皇宫等极少数居住形态中使用的技术、手法、用材等,也被广泛应用到民间。民居体现了鲜明的封建等级特点。对官员和庶民的住房均有特定制度,包括房屋间数、架数、屋顶形式、色彩、装饰都有明确的规定。如乡村平民住宅不得用回廊,而代之以房屋围绕,构成平面狭长的四合院。除此之外,还有以木篱茅屋组合起来的简单三合院,布局比较紧凑,与廊院式住宅形成了鲜明的对比。

(七)宋元时期民居

1. 宋代民居

宋代里坊制解体,民居亦呈多样化。宋代院落周围为了增加居住面积,多为廊屋代替回廊,前大门进入后以照壁相隔,形成标准的四合院。

2. 元代民居

元朝的建立,结束了地方割据、多国鼎立的混乱局面,出现了中国历史上民族再度大融合的繁盛时期。民居建筑也进入了一个多种风格交融、共存的时期,新的类型和新的风格源源不断涌现出来,为中国民居的长期发展奠定了核心的基础。

院落式布局和工字形房屋在民居中最为流行,与明清时代的四合院非常相似,这种布局其实就是四合院的前身。四合院是随着元大都胡同的出现并逐步发展起来的。

(八)明清时期民居

明清两代,北方民居以北京四合院为代表,按南北纵轴线对称地布置房屋和院落;江南地区的民居则以封闭式院落为单位,沿纵轴线布置,但方向并非一定为正南北。大型民居有中、左、右三组纵列的院落组群。

二、民居建筑的艺术特色

中国民居建筑的主要艺术特色体现在地域性、景观性、生态性、伦理性等方面。

例如黄土高原的下沉式四合院就具有非常鲜明的地域性,因为这里缺乏木材,所以人民创造了这种潜掩于地下的窑洞村落。中国国土面积广袤,相应丘陵、山地、平原、河谷等不同环境中的民居建筑都强调与自然的和谐共处,具有鲜活的景观性。安徽的宏村、西递两个传统古村落在街道设计、供水系统设计、装饰物设计等方面具体现了良好的生态性,不仅为村民生产、生活提供了方面,也创造了一个富有情趣的生活居住环境。

图 2-5　吊脚楼

第四节　宗教建筑

一、宗教建筑的历史沿革

(一)佛教建筑历史沿革

佛教大约在东汉初期传入我国,所建的第一个寺院是洛阳的白马寺。

汉末笮融在徐州兴建的浮屠寺,亦复如此。"大起浮屠寺,上累金盘,下为重楼,又堂阁周回,可容三千许人。作黄金涂像,衣以锦采。每浴佛,辄多设饮饭,布席于路,其有就食及观者且万余人。"(载《后汉书》卷一百三·陶谦传)。可见寺院规模很大,只是此寺塔的木楼阁式结构与四周的回廊殿阁,却已逐渐被改为中国建筑的传统式样了。

三国东吴时,康居国僧人康僧会于 247 年来建业传法,建造了建初寺和阿育王塔。

当时的寺院为廊院式,即每个殿堂或佛塔以廊围绕,独立成院,整座寺庙由多个廊院组成。廊院的廊壁为佛教壁画提供了广阔的空间。其形制布局主要体现为两类:一类以塔为中心,源于印度佛教塔崇拜的观念,认为绕塔礼拜是对佛最大的尊敬。另一类中心不建塔,而是突出供奉佛像的佛殿,以殿堂代替中心塔的建筑观念,是中国世俗文化偶像崇拜意识所致。

隋、唐五代到宋是中国佛教大发展时期,虽然其间出现过唐武宗和周世宗灭佛事件,但时间较短;在佛经学说方面,自西晋以降,大乘教逐渐占据上风,佛学思想的研究达到了空前的繁荣,但这些对中国佛教建筑并未带来决定性的影响。

由敦煌壁画等可以间接看出:隋、唐时期较大佛寺的主体部分仍采用对称式布置,即沿中轴线排列山门、莲池、平台、佛阁、配殿及大殿等;其建筑群的核心已经从塔变为殿,佛塔一般建在侧面或另建塔院;或建为双塔(最早之例见于南朝),矗立于大殿或寺门之前;较大的寺庙除中央一组主要建筑外,又按供奉内容或用途划分为若干庭院。庭院各有命名,如药师院、大悲院、六师院、罗汉院、般若院、法华院、华严院、净土院、圣容院、方丈院、翻经院、行香院、山庭院……大寺所属庭院,常达数十处之多。

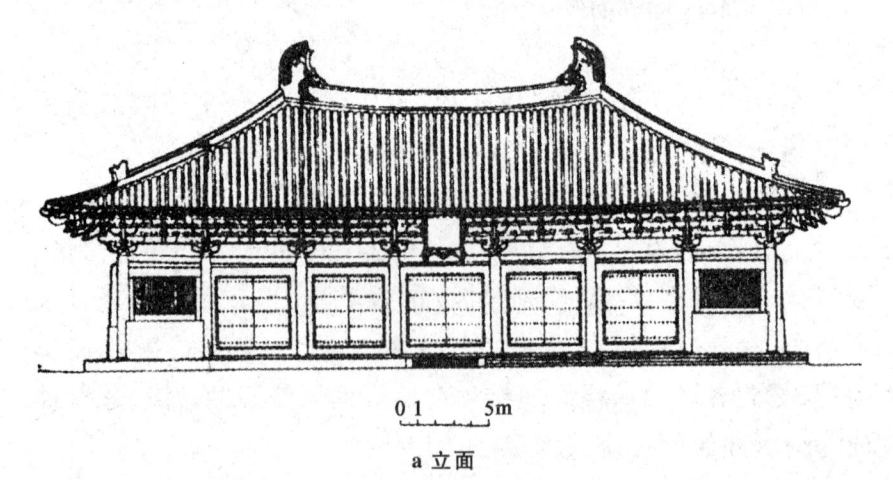

a 立面

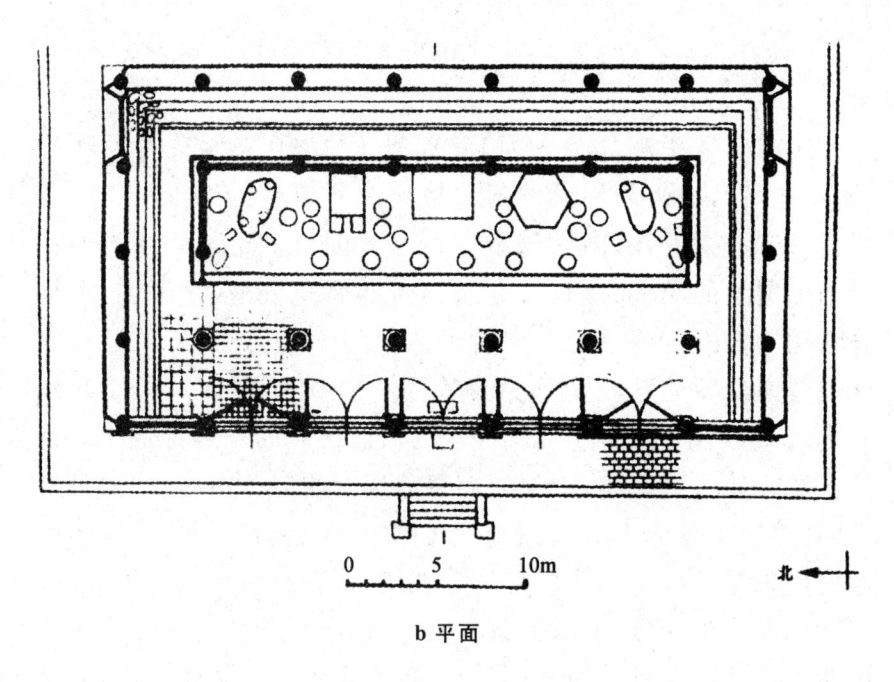

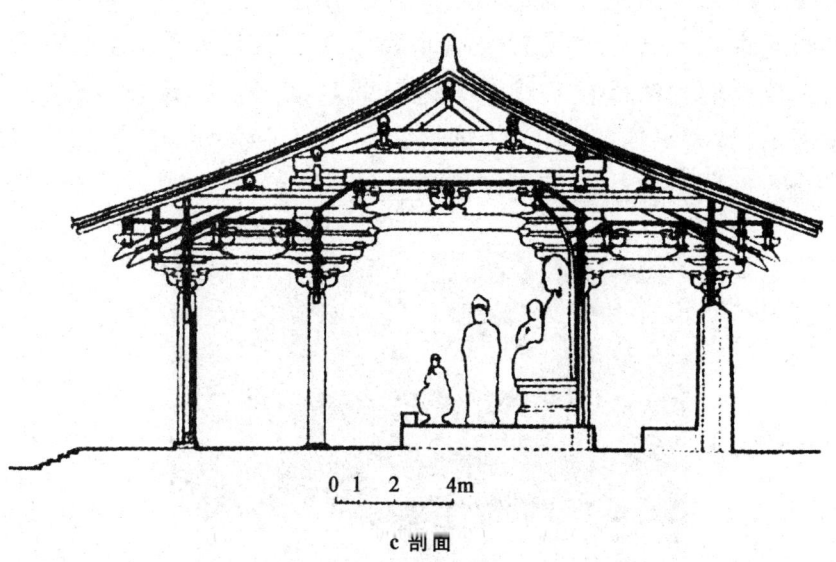

第二章 不同功能类型的中国古建筑

b 平面

c 剖面

图 2-6 佛光寺大殿立、平、剖面

(二)道教建筑历史沿革

唐朝奉老子李耳为先祖,封尊号为"太上玄元皇帝",俗称"太上老君",成为与佛教的释迦牟尼佛同等地位的天神。由于唐代皇帝推崇道教,因而道教盛行。宋朝更重道教。唐宋两代可谓是道教的鼎盛时期,恰好这一时期以高台基、大屋顶、装饰与结构功能高度统一为主要特色的中国木结构建筑,经过两汉和魏晋南北朝的发展,不论从建筑形制还是组群布局和工艺水平上,都达到了相当成熟的阶段,为道教建筑的发展提供了强大的支撑。如宋真宗时,在都城东京建造的昭应玉清宫,房屋有数千间,规模十分庞大。金大定七年(1167),王重阳创全真教派,他的徒弟丘处机得元代成吉思汗礼遇,道教建筑遍布全国,盛极一时。元代供奉吕祖,封吕洞宾为"纯阳演政警化普佑帝君",在山西永济县永乐镇建造永乐宫。庙宇建筑一直保存至今,后又扩建北京白云观。明代大建湖北武当山道教建筑群,青岛崂山道教建筑群。清代在明代道教建筑的基础上扩大建设,在江西龙虎山、甘肃平凉崆峒山、山西襄陵龙斗峪、陕西龙山龙门洞、四川灌县青城山都建造了大规模的道教建筑群。

图 2-7　湖北均县武当山道教宫观紫霄宫

二、宗教建筑的艺术特色

（一）中国佛寺建筑的艺术特色

中国的佛寺建筑，最早是由官舍改造而成的。因而，中国的佛寺建筑起初就打上了世俗文化的烙印。

首先，从名称上来看，寺，最初并不是指佛教寺庙，从秦代以来，通常将官舍称为寺。在汉代，"寺"则是朝廷所属政府机关的名称，"凡府廷所在，皆谓之寺"（《汉书·元帝纪》）。汉代中央各行政机关的九个官署，就合称为"九寺"。九寺中的鸿胪寺，是当时的礼宾司和国宾馆，也是接待印度高僧居住的地方。因此，将朝廷高级官署的"寺"，用来称呼佛教建筑，足以说明当时统治者对佛教的重视。[1]

其次，从建筑布局上来看，虽然中国不同时代、不同宗派的佛寺在建筑上存在着差异，但大体都是以佛殿或佛塔为主体，以讲堂、经藏、僧舍、斋堂、库厨等为辅助建筑格局，基本上沿袭中国传统的庭院形式。在世俗文化的影响下，中国佛教建筑在装饰、雕刻、绘画上都体现了"赐福、赐子、赐风、赐雨"等"人世功利"的观念。同时，佛寺的宗教活动具有群众性，因而戏场、集市等也都相伴出现。而建在山林的佛寺则多与风景名胜相结合。中国佛寺虽是宗教建筑，却和世俗生活密切相关，具有一定程度的公共建筑性质。

（二）中国道教建筑的艺术特色

道教文化崇尚自然，认为"人法地，地法天，天法道，道法自然"，顺应自然与回归自然便成为道教在建筑上的追求。

---

[1] 张东月，肖靖. 中国古代建筑与园林[M]. 北京：旅游教育出版社，2011

道教建筑的位置和环境也是受"洞天福地"影响的,"洞"即"通",指可以通达上天,"福"指祥瑞,表示在该处修道可以得道成真,所以道教建筑通常都建在人迹罕至的名山之中。

另外,道教追求羽化登仙、吉祥如意,这些思想也同样反映在道教建筑中。[①]

第五节 庙坛与陵墓建筑

一、庙坛建筑

(一)坛庙建筑的历史沿革

中国古代对天地山川的祭祀可以追溯到很早。远古时期的人类,经常会遇到雨雪风暴的袭击,他们对这些来自自然界的灾害既缺乏科学的认识,更无法抵御,于是产生了对自然天地的恐惧与祈求感,产生了对冥冥上天与苍茫大地的崇敬,这就是人类早期的原始信仰。中国进入农业经济社会以后,人类主要从事农业生产,更加重了对天地自然的依赖。风调雨顺,五谷丰收,久雨使江河泛滥,不雨而赤地千里,颗粒无收,自然界的变化直接决定着农作物的丰歉,也决定着人间的祸福,于是对自然天地的崇拜进一步得到强化,随之而起的是产生与发展了对天、地、日、月的祭祀。

[①] 建筑上描绘日月星辰、山水岩石以寓意光明普照、坚固永生;以扇、鱼、水仙、蝙蝠和鹿作为善、(富)裕、仙、福、禄的表象;用松柏、灵芝、龟、鹤、竹、狮、麒麟和龙凤等分别象征友情、长生、君子、辟邪和祥瑞;还直接将福、禄、寿、喜、吉、天、丰、乐等字变化其形体,用在窗棂、门扇、裙板及檐头、蜀柱、斜撑、雀替、梁枋等建筑构件上。八宝图、福寿双全图、八仙庆寿图这些源自道教思想和神仙故事的图案早已家喻户晓。

第二章 不同功能类型的中国古建筑

祭祀天地之礼很早就存在,日与月几乎是最早出现的自然神,早在夏代(约公元前 21—公元前 16 世纪)就有了正式的祭祀活动,在以后的历朝历代都受到统治者的重视。帝王将自己比作天地之子,祭天地乃尽为子之道,所以皇帝称为"天子",是受命于天而来统治百姓的,所以祭祀天地成了中国历史上每个王朝的重要政治活动。古代将祭祀天地日月皆称为郊祭,既在都城之郊外进行祭祀,这是因为天、地、日、月均属自然之神,在郊外祭祀更接近自然,而且可以远离城市之喧哗,以增加肃穆崇敬之情。

坛庙的出现源于祭祀,祭祀是对人们向自然、神灵、祖先、繁殖等表示一种意向的活动仪式的统称,它的出现大约在旧石器时代后期。根据现有考古材料研究分析,祭祀起源迹象,一般为 2 万～4 万年前,最多为 10 余万年前,更早的迹象则难于寻觅。伴随着祭祀活动,相应地产生场所、构筑物和建筑,这就是坛庙。

在新石器时代后期,发现有良渚文化祭坛、红山文化祭坛及女神庙等。良渚文化祭坛,最早是 1987 年通过浙江余姚瑶山遗址的考古发掘而被确定的。瑶山是一座人工堆筑的小土山,在其顶部建有一座边长约 20m 的方形祭坛。从表面上看,该祭坛共由三重遗迹构成,最中央的是一个略呈方形的红土台;在其四周,是一条同字形灰土沟;灰沟的西、南、北三面,是用黄褐土筑成的土台,东面是自然土山:根据现场遗迹,估计外重台面上原铺有砾石,现西北角仍存两道石磡,残高 0.9m。在祭坛的中部偏南分布着两排大墓,共 12 座。红山文化女神庙,位于辽宁建平牛河梁一个平台南坡,由一个多室和一个单室两组建筑构成,附近还有几座积石冢群相配属。

奴隶社会时期的重要遗迹有河南安阳殷墟祭祀坑、四川广汉三星堆祭祀坑等。根据这两处祭祀出土文物和遗迹现象,证明它们有相同的青铜铸造工艺,相似的都城格局,类似的自然、鬼神、祖先崇拜及相同的祭祀方法等,但也存在很大差异。殷墟祭祀坑出土青铜器铸造技术的高超、甲骨文和金文等文字的成熟、祭祀中人牲的大量使用,说明了奴隶制昌盛,"国家大事,在祀与戎"以及中原地区祭祀的特点。三星堆的蜀人祭祀虽也祭天、祭地、祭祖先,迎神驱鬼,但祭礼对象多用各种形式的青铜塑像代替,反映了图腾崇拜的残余较浓。

这些差异是地域或民族不同所致,但它们均开了秦汉隋唐以至清坛庙的先河。《尔雅·释天》记载:"祭天曰燔柴;祭地曰瘗埋;祭山曰悬;祭川曰浮沉。"这种被后来系统化的祭仪,在殷人和蜀人的祭祀中都已具备。两地的遗址遗物都有燔柴祭祀天的明证,而且殷墟祭祀坑是圆形的,与后代天坛圜丘祭天如出一辙。

到了封建社会,对坛庙的祭祀,是中国古代帝王最重要的活动之一。京城是否有坛庙,是立国合法与否的标准之一。明清北京,宫殿前左祖右社,郊外祭天于南,祭地于北,祭日于东,祭月于西,祭先农于南,祭先蚕于北,是坛庙建筑的重要留存地。

(二)坛庙建筑的艺术特色

坛庙建筑的艺术形式都是以满足精神功能为主,要求充分体现出祭祀对象的崇高伟大,祭祀礼仪的严肃神圣,具有庄重严肃的纪念型风格,故中国古代庙坛建筑形成了一系列的建筑形制与独特的造型艺术特色。

1. 布局严整有序

建筑依纵轴线布置,在轴线上安排若干空间,主体建筑前面至少有两三个空间作前导,到主体时空间突然放大,最后又以小空间结束,使得多层次的环境更富有序列性、节奏感。

2. 凸显皇权

天坛以圆形、蓝色象征天(见天坛),社稷坛以五色土象征天下一统(见北京社稷坛)。天为阳,天坛建筑中都含有阳(奇)数;地为阴,地坛建筑中都含有阴(偶)数。某些建筑的梁柱、间架、基座等构件的数目、尺寸,也常和天文地理、伦理道德取得对应。这类手法增大了审美活动中的认识因素,也有助于加强建筑总体的和谐性和有机性。

二、陵墓建筑

(一)陵墓建筑的历史沿革

1. 地下木椁土坑,地上为祭祀建筑阶段

商周时期,作为奴隶主阶级高规格的墓葬形式,已出现了墓道、墓室、椁室以及祭祀杀殉坑等。在商都安阳殷墟发掘的近2000座商代墓葬中,最有代表性的是"武官村大墓"和"妇好墓"。前者是一座"中"字形的地下墓坑,椁室四壁用原木交叉成"井"字形向上垒筑,椁底和椁顶也都用原木铺盖。妇好墓规格不大,但墓中随葬品十分丰富,墓室为长方形竖穴,墓口上有房基一座,对研究商代墓制有重要意义。

2. 地下砖石墓穴,地上为封土陵台阶段

墓葬制中,地面出现高耸的封土,时值春秋战国之际,这种提法存在很长时间,这是以《礼记·檀弓》记载关于孔子父母冢墓为佐证的,曰:"吾闻之,古也墓而不坟,今丘也,东西南北之人也,不可以弗识也,于是封之,崇四尺。"但随着浙江余姚良渚大墓在20世纪70年代后期被辨识之后,地面有人工土墩(坟山)的历史推前了1000多年。不过春秋战国时冢墓确实已很普遍,其高度和规制文献记载不乏所见。并且,由于存在高崇的封土,墓的称谓也发生了变化,由"墓"发展为"丘",最后称之为"陵"。

秦始皇营骊山陵,大崇坟台。汉因秦制,帝陵都起方形截锥体陵台,称为"方上",四面有门阙和陵墙。北宋是"方上"最后时期。

3. 因山为陵的崖墓阶段

虽然依山凿玄宫，汉已有之，但最有代表性的是唐代。它与前代不同的是选用自然的山体作为陵体，代替过去的人工封土的陵体。陵前的神道比过去更加长了，石雕也更多，因此尽管它没有秦始皇陵那些成千上万的兵马俑守陵方阵，但是在总体气魄上却比前代陵墓显得更为博大。

4. 地宫与地面建筑布置陵园阶段

因事死如生的礼仪要求，地面建筑群越来越庞大。从宋至清，整体性越来越强化，以明十三陵为代表。

明代皇陵与唐陵、宋陵以及以前各朝皇陵相比，首先，明陵仿唐陵也是选择大山为靠背而成的有利环境，但它没有开山做地宫、以山为宝顶，而是在山前挖地藏地宫，在地上堆土而成宝顶。不同于秦汉皇陵的方锥形陵体的是，明陵做成圆形的宝顶，宝顶之上不建陵，所有陵墓地面建筑全部列在宝顶之前，形成前宫后寝的格局。其次，明皇陵与宋皇陵一样，集中建造在一起，但它与宋陵不同的是，各座皇陵既各自独立，又有共同的入口、共同的神道，它们相互联系在一起，组成为一个统一的庞大皇陵区，既完整又有气势。清陵沿袭明陵，单体程式化，整体分东西陵，强调陵区整体效果。

(二)陵墓建筑的艺术特色

陵墓是建筑、雕刻、绘画、自然环境融于一体的综合性艺术，总体来说中国传统陵园在空间布局、艺术构思等方面有如下特征。

(1)以陵山为主体的布局方式。以秦始皇陵为代表，其封土为覆斗状，周围建城垣，背衬骊山，轮廓简洁，气象巍峨，创造出纪念性气氛。

(2)以神道贯串全局的轴线布局方式。这种布局重点强调正面神道。如唐代高宗乾陵，以山峰为陵山主体，前面布置阙门、石象生、碑刻、华表等组成神道。神道前再建阙楼。借神道上起伏、开合的空间变化,衬托陵墓建筑的宏伟气魄。

(3)建筑群组的布局方式。明清的陵墓都是选择群山环绕的封闭性环境作为陵区,将各帝陵协调地布置在一处。在神道上增设牌坊、大红门、碑亭等,建筑与环境密切结合在一起,创造出庄严肃穆的环境。中国古代崇信人死之后,在阴间仍然过着类似阳间的生活,对待死者应该"事死如事生",因而陵墓的地上、地下建筑和随葬生活用品均应仿照世间。

图 2-8 慈禧陵内景

第六节 其他建筑

一、宫殿建筑

(一)宫殿建筑的历史沿革

1."茅茨土阶"的原始阶段

在瓦没有发明以前,即使最隆重的宗庙、宫室,也用茅茨盖顶、夯土筑基。考古发掘的河南偃师二里头夏代宫殿遗址、湖北黄陂盘龙城商代中期宫殿遗址、河南安阳殷墟商代晚期宗庙、宫室遗址，都只发现了夯土台基却无瓦的遗存。其中于20世纪80年代末在殷墟小屯村东部发现的建造于武丁村的大型夯土基址，结构最完整，却仍无瓦的发现。证明夏商两代宫室仍处于"茅茨土阶"时期。其中二里头与殷墟中区都沿轴线做庭院布置，是中国3000余年院落式宫室布局的先驱。

2. 盛行高台宫室的阶段

商代版筑夯土技术的成熟为高台建筑的出现奠定了基础。木构架未解决多层及高层的结构问题，使高台建筑的出现成了必然的选择。从已经发现的春秋战国时代的宫殿遗址得知，通常是在高七八米至十余米的阶梯形夯土台上逐层构筑木构架殿宇，形成建筑群，外有围墙和门。陕西岐山凤雏西周早期的宫室遗址出土了瓦。但数量不多，可能还只用于檐部和脊部，春秋战国时瓦才广泛用于宫殿。如春秋时晋故都新田（山西侯马）、战国时齐故都临淄（山东临淄）、赵故都邯郸（河北邯郸）、燕下都（河北易县）、秦咸阳（陕西咸阳）等，都留有高四五米至十多米不等的高台宫室遗址。这种高台建筑既有利于防卫和观察周围动静，又可显示权力的威严。影响所及，秦汉大型宫殿也多是高台建筑。台上的建筑虽已不存，但从秦咸阳宫殿遗址的发掘来看，高台系夯土筑成。台上木架建筑是一种体型复杂的组合体，而不是庭院式建筑。加上春秋战国时的建筑色彩已很富丽，配以灰色的筒瓦屋面使宫殿建筑彻底摆脱了"茅茨土阶"的简陋状态，进入了一个辉煌的新时期。

3. 宏伟的前殿和宫苑相结合的阶段

秦统一中国后，在咸阳建造了规模空前的宫殿，分布在关中平原，广袤数百里，宫苑结合布局分散。此外还有许多离宫散布在渭南上林苑中。其中阿房宫所遗夯土基址东西约

1km,南北约 0.5km,后部残高约 8m。西汉初期仅有长乐(太后所居)、未央(天子朝廷和正宫)两宫。文、景等朝又辟北宫(太子所居),武帝大兴土木建造桂宫、明光宫、建章宫。各宫都围以宫墙,形成宫城,宫城中又分布着许多自成一区的"宫",这些"宫"与"宫"之间布置有池沼、台殿、树木等,格局较自由,富有园林气息。

4. 纵向布置"三朝"的阶段

商周以来,天子宫室都有处理政务的前朝和生活居住的后寝两大部分。前朝以正殿为中心组成若干院落。但汉、晋、南北朝都在正殿两侧设东西厢或东西堂,供日常朝会及赐宴等用,三者横列。隋文帝营建新都大兴宫,追沿周礼制度,纵向布列"三朝":广阳门(唐改称承天门)为大朝,元旦、冬至、万国朝贡在此行大朝仪;大兴殿(唐改称太极殿)则朔望视朝于此;中华殿(唐改称两仪殿)是每日听政之所。唐高宗迁居大明宫,仍沿轴线布置含元、宣政、紫宸三殿为"三朝"。北宋元年后汴京宫殿以大庆、垂拱、紫宸三殿为"三朝",但由于地形限制,三殿前后不在同一轴线上。元大都宫殿与周礼传统不同,中轴线前后建大明殿与延春阁两组庭院应是蒙古习俗的反映。明初,朱元璋刻意复古。南京宫殿仿照"三朝"作三殿(奉天殿、华盖殿、谨身殿),并在殿前作门五重(奉天门、午门、端门、承天门、洪武门)。其使用情况为:大朝及朔望常朝都在奉天殿举行;平日早朝则在华盖殿。明初宫殿比拟古制,除"三朝五门"之外,按周礼"左祖右社",在宫城之前东西两侧置太庙及社稷坛。永乐迁都北京,宫殿布局虽一如南京,但殿宇使用随宜变通,明季朝会场所几乎遍及外朝各重要门殿,"三殿"与"三朝"已无多少对应关系。

图 2-9　午门

(二)宫殿建筑的艺术特色

1. 轴线统帅和对称格局

为了表现君权受命于天和以皇权为核心的等级观念,宫殿建筑采取严格的中轴对称的布局方式。中轴线上的建筑高大华丽,轴线两侧的建筑低小简单,这种明显的反差,体现了皇权的至高无上;中轴线纵长深远,更显示了帝王宫殿的尊严华贵。

隋唐至明清,轴线统帅和对称格局莫不如此。如故宫宫殿是沿着一条南北向中轴线排列,三大殿、后三宫、御花园都位于这条中轴线上。这条中轴线不仅贯穿在紫禁城内,而且南达永定门,北到鼓楼、钟楼,贯穿了整个城市,构成了近 8km 的南北中轴线,气魄宏伟,规划严整,极为壮观。故宫中轴线与城市轴线完全吻合,突出了中轴的空间序列,该轴线是世界城市史上最长的一条中轴线,是"择中立宫"的思想最极致的体现。这一轴线对于统一建筑群的艺术面貌起了决定作用。

2. 前朝后寝,化国为家

前朝,是帝王上朝理政、举行大典的地方,因位于整个建筑群的前部,称"前朝"。后寝是帝王、妃子及其子女生活起居的地方,因位于建筑群的后部,称"后寝"。

3. 左祖右社,拱卫皇权

中国的礼制思想,有一个重要内容,则是崇敬祖先、提倡孝道;祭祀土地神和粮食神。有土地才有粮食,"民以食为天""有粮则安,无粮则乱",风调雨顺,国泰民安这是人所共知的。根据《周礼·春官·小宗伯》记载,"建国之神位,右社稷,左宗庙"。帝王宫室建立时,基本遵循左祖右社的原则。宗庙的空间位置应当在整个王城的东或东南部,社稷坛的空间位置则在西或西南部,这种做法一直沿袭下来。

4. 三朝五门,威严神圣

根据帝王朝事活动内容的不同,分别在不同规模的殿堂内举行。隋唐以后就确立了三种朝事活动的殿堂,名为"三朝制"。所谓"三朝"是指大朝、日朝、常朝。与三朝相对应的建筑分设三大殿,如隋太极宫的承天殿、大兴殿、两仪殿;唐大明宫的含元殿、宣政殿、紫宸殿;北宋汴京的大庆、文德、紫宸(取法唐洛阳);明初南京的奉天、华盖、谨身;明代北京的太和、中和、保和等:分工愈细愈能突出主体建筑——大朝的皇权神威。

"五门制",是在三朝之前,沿中轴线以五道门作为朝政宫殿前的前导空间,通过门与门之间院落空间的变化,运用对比和衬托手法烘托主题,如北京故宫从南至北分别为大清门(明称大明门)、天安门、端门、午门、太和门。从大清门到天安门以千步廊构成纵深的庭院作前导,而至天安门前变为横向的广场,通过空间方向的变化和陈列在门前的华表、石狮、石桥等,突出了天安门庄重的气象,达到空间发展的第一个高潮。天安门至午门,以端门前略近方形的庭院为前导,而端门和午门之间,在狭长的庭院两侧建低而矮的廊庑,使纵长而平缓的轮廓衬托中央体形巨大和具有复杂屋顶的午门,获得了很好的对比效果,午门达到空间发展的第二个高潮。太和门前广阔的矩形庭院形成三大殿的前奏。

5. 装修精妙绝伦

宫殿建筑装修的选料考究，类型多样，华贵富丽，精美绝伦。

装修分外檐装修、内檐装修。外檐装修是露在建筑物外面的门窗部分，起分隔室内外以避风雨的作用。外檐装修种类很多，视建筑的等级和使用功能相应配置。最高等级的纹式，有三交六椀菱花隔心、三交述纹六椀菱花隔扇和双交四椀菱花隔心等。太和殿外檐的门窗均为三交六椀菱花隔心，门窗下部是浑金流云团龙及蕃草岔角裙板，铜鎏金看叶和角叶，称之为金扉金琐窗，辉映出皇家气派。

内廷后妃生活区和花园等处的外檐装修，较外朝更趋于实用。大琉璃框的门窗，可开可关的支摘窗，使室内采光效果大大加强。特别是窗饰的花纹，步步锦、灯笼框、冰裂纹、竹纹等丰富了建筑的装饰艺术，而钱纹、盘肠、卍字纹、回纹等又将人们的美好企盼寓于其中。

内檐装修是建筑物内部划分空间组合的装置。宫殿建筑的内檐装修，工精料实，类型多样，所用大都是紫檀、花梨、红木等上等材料，雕饰极为精美。

6. 建筑形体的多样统一

北京故宫，在建筑布置上，用形体变化、高低起伏的手法，组合成一个整体。在功能上符合封建社会的等级制度，同时达到左右均衡和形体变化的艺术效果。屋顶是变化最大、最有特色的部分。宫殿建筑多以庑殿顶、歇山顶为主。一座院落中正殿、后殿的屋顶都不一样，有主从之分。屋顶形式最丰富的是宫廷花园建筑。中国建筑的屋顶形式是丰富多彩的，在故宫建筑中，不同形式的屋顶就有十种以上。以三大殿为例，屋顶各不相同，太和殿为重檐庑殿顶，中和殿为单檐四坡攒尖顶，保和殿为重檐歇山顶。中国匠师设计故宫时,即使是规格等级最高的三大殿,亦充分考虑了建筑艺术的多样性。同时,大片黄色琉璃屋顶、汉白玉台基和雕栏、红墙、红柱,以及规格化了的彩画,给全部建筑披上了金碧辉煌的色彩,又将多样化的建筑有机统一起来,多样统一的艺术法则得到完美的运用。

二、学宫与书院建筑

(一)学宫与书院建筑的历史沿革

稷下学宫是战国时期齐国的高等学府,因设于都城临淄稷门附近而得名。当时的儒、法、墨、道、阴阳等各学派都汇集于此,他们兴学论战、评论时政和传授生徒,是战国时期"百家争鸣"的重要园地。它基本与田齐政权相始终,随着秦灭齐而消亡,历时大约150年左右。稷下学宫是一个官办之下有私学、私学之上有官学的官私合营的高层次的培育人才的基地。我们今天无法详尽确切地知道稷下学宫的建筑规模以及其内部基本设施,其地面建筑早已荡然无存,连稷门的具体地理位置也众说纷纭。但稷下学宫完全可以说是世界历史上真正的第一所大学,第一所学术思想自由、学科林立的高等学府。建筑理论领域包含城市规划"因势论"的《管子》即成书于稷下。稷下学宫不仅在战国时期闻名于世,而且一直影响着中国古代文化和教育的发展,成为后世文化、教育发展的重要养料和根基,对后期书院的产生与发展起着决定的作用。

汉代罢黜百家,独尊儒术,教育主要以经学为主,仅设太学(国子监)。唯鸿都门学研究文学艺术,且它招收平民子弟入学,突破贵族、地主阶级对学校的垄断,使平民得到施展才能的机会。鸿都门学的出现,为后来特别是唐代的科举和设立各种专科学校开辟了道路。

唐末至五代期间,战乱频繁,官学衰败,许多读书人避居山林,遂模仿佛教禅林讲经制度创立书院,形成了中国封建社会特有的教育组织形式。书院是实施藏书、教学与研究三结合的高等教育机构。书院制度萌芽于唐,完备于宋,废止于清,前后千余年的历史,对中国封建社会教育与文化的发展产生了重要的影响。

北宋初年,私人讲学的书院大量产生,陆续出现白鹿洞、岳麓、睢阳(应天府)、嵩阳、石鼓、茅山、象山等书院。其中白鹿洞、岳麓、睢阳(应天府)、嵩阳书院并称为中国古代四大书院。到仁宗末年,北宋前期较有影响的书院全部消失。熙宁四年(1071)朝廷直接向州学派出教授,以削弱书院和县学。熙宁七年将有教授的州中书院并入州学。南宋初期,张栻、朱熹、吕祖谦、陆九渊等学者开始修复书院,并成为学派活动的基地及讲学的场所。理宗(1224—1264)即位后,将理学定为正统学说,书院教育成为朱熹等理学大师的遗产被官府继承。景定元年(1260)起,正式通过科举考试或从太学毕业的官员才能成为每个州的书院山长,朝廷借此控制书院。

元朝至元二十八年(1291)元世祖首次下令广设书院,民间有自愿出钱出粮赞助建学的,也立为书院。后多次颁布法令保护书院和庙学,并将书院等视为官学,书院山长也定为学官,这是书院官学化的开始。元代将书院和理学推广到北方地区,缩短了南北文化的差距,并创建书院296所,加上修复唐宋旧院,总数达到408所。但受官方控制甚严,无书院争鸣辩论的讲学特色。

明初时,宋元留存的书院,多被改建为地方学校和社学。成化、弘治以后书院逐渐兴复。嘉靖十六年(1537)明世宗以书院倡邪学,下令毁天下私创书院;嘉靖十七年(1538)以书院耗费财物、影响官学教育为由再次禁毁书院。到嘉靖末年,内阁首辅徐阶提倡书院讲学,书院得以恢复。万历七年(1579)张居正掌权,在统一思想的名义下下令禁毁全国书院。其去世后,书院又开始盛行。天启五年(1625)魏忠贤下令拆毁天下书院,造成了"东林书院事件"。崇祯帝即位后书院陆续恢复,期间书院总数达到 2000 所左右,其中新创建的有 1699 所,出现了陈献章、王守仁等学派。明朝的书院分为两类:一种是重授课、考试的考课式书院,同于官学;另一种是教学与研究相结合,各学派在此互相讲会、问难、论辩的讲会式书院。后者多为统治者所禁毁。

  清初统治者抑制书院发展,使之官学化。顺治九年(1652)明令禁止私创书院。雍正十一年(1733)各省城设置书院,后各府、州、县相继创建书院。乾隆年间,官立书院剧增,绝大多数书院成为以考课为中心的科举预备学校。至光绪二十七年(1901)则令书院改为学堂,书院就此结束。清代书院分为三类:其一为中式义理与经世之学;其二以考科举为主,主要学习八股文制艺;其三以朴学精神倡导学术研究。

(二)学宫与书院建筑的艺术特色

  历代各地书院,无论地处城镇郊外,还是乡野山村,大都选择山清水秀、风景绮丽的地方营建。宋代的"天下四大书院"——白鹿洞书院、岳麓书院、嵩阳书院、睢阳书院,其中前三所都选址在著名的风景区,而且,书院之冠名也多取山水之意。宋代书院兴盛时期,书院的主持人称为"山长",直到清代始称"院长"。也有一些书院(如睢阳书院)位于城郊平原地带甚至闹市中,缺乏地理位置的优势,既无列嶂群峰,亦无泉涧溪湖,难得自然山水之利。于是便叠石置山,引水开池,造出许多精致小巧的山景水景来,更显匠心独运。

图 2-10　岳麓书院

三、古桥建筑

(一)古桥建筑的历史沿革

我国古桥先有梁桥,后有浮桥和索桥,拱桥最晚出现。据史料记载,中国在周代(公元前 11 世纪—公元前 256 年)已建有梁桥和浮桥,如公元前 1134 年左右,西周在渭水架有浮桥。

根据现有资料,我国古桥由低级演进到比较高级、由简陋到逐步完善的过程,大致可分为四个发展阶段。第一阶段以西周、春秋为主,包括此前的历史时代,此时的桥梁除原始的独木桥和汀步桥外,主要有梁桥和浮桥两种形式。第二阶段以秦、汉为主,秦汉建筑石料的使用和拱券技术的出现,实际上是桥梁建筑史上的一次重大革命。第三阶段是以唐宋为主,两晋、南北朝和隋、五代为辅的时期,这是古代桥梁发展的鼎盛时期。这时创造出许多举世瞩目的桥梁,如赵州桥、虹桥、泉州万安桥、广东潮州的湘子桥等。第四阶段为元、明、清三朝，这时的主要成就是对一些古桥进行了修缮和改造，并留下了许多修建桥梁的施工说明文献，为后人提供了大量文字资料。

图 2-11　赵州桥

(二)古桥建筑的艺术特色

我国古桥建筑的艺术特色重点体现在造型风格和装饰工艺两个方面。

图 2-12　卢沟晓月

桥梁的柔和曲线、雄伟壮观就是中国古桥建筑造型风格的集中体现。而中国古桥建筑的装饰工艺最早是起防腐与压基的作用,此后发展成与桥的结合物,如常见的狮子、马、莲花、神兽、蛟龙等。

图 2-13　河北赵州桥小拱

第三章　中国古建筑的各项构造与施工工程

按照中国古代营造法的概念,把建筑各部位、各种构件、各个工种、工序分为大木作、小木作、砖作、石作、泥作、瓦作、油漆作、彩画作等等。为此,本章重点论述(大)木作、石作、斗栱作、油漆作、彩画作等几大内容,剖析它们的材料选取(配置)以及作法。

第一节　木作

一、柱子制作

(一)材料要求

柱类木构件所使用的木材必要时应进行检测,确定其树种、材质,或进行抗拉、抗压、抗剪等强度实验。做好木材含水率测试。符合木结构规范要求,设计对材料有特殊要求时,应符合设计要求。

(二)柱料粗加工

(1)圆柱粗加工:按圆柱的种类把选出的圆木,根据木材生长的上下头,确定出柱头柱脚用木垫垫好,在两端直径面上分出中点,垂吊分中直线并在此线上分中,用方尺画出十字中线,在此基础上柱脚按设计柱径尺寸放八卦线,柱头按设计柱高的 7/1000 或 10/1000 收分放八卦线,根据八卦线用墨斗顺柱身弹直线,依照此线用锛子把柱料砍成八方,再弹十六方线,把柱砍成十六方,直至把柱子砍圆,用刨子把柱身刮光。

(2)方柱、异形方柱粗加工:按方柱的种类,把打截好的方柱规格毛料选出上下头,柱脚按设计见方尺寸,柱头按设计柱高的 7/1000 或 10/1000 收分,用刨子刮光,找平、找直、找方,在两端头上画出十字分中线或异形多角分中线。

(三)檐柱制作

在已经刨好的柱料两端画上迎头十字中线(如果初步加工时已画好十字中线可利用原有的中线)。每一端的两条十字中线要垂直平分。两端对应的中线要互相平行。把迎头十字中线弹在柱子长身上。弹线后根据柱四面好坏定出柱正面和侧面,要好面朝外。

用檐柱丈杆在一个侧面的中线上点出柱头馒头榫、柱脚管脚榫的位置线和与檐柱相交枋类构件的母榫(卯口)线,根据柱头、柱脚位置线,弹出柱子的升线。升线上端与柱头中线重合,下端位于中线里侧,升线与中线的距离取柱高的 7/1000～10/1000 即柱脚外掰升线尺寸,为区别中线和升线,要在两线上分别标出中线和升线符号,柱两侧画法相同,处于转角部位的檐柱要弹出四面升线。

升线弹出后,以升线为准,用方尺、画扦围画出柱头和柱脚线。柱头、柱脚都与升线垂直不能与中线垂直(指侧面)。有掰升的柱子上端向内侧倾斜,柱子侧面的升线垂直地面,柱头和柱根与升线垂直,保持水平。在画柱头柱根的同时画出柱子的盘头线(上、下榫的外端线)。

画柱身上的卯口(母榫)线,檐柱两侧有檐枋(额枋)燕尾榫卯口,进深方向有穿插枋大进小出卯口。有随梁枋者还要向出随梁枋燕尾榫卯口。大式檐柱如施用双额枋,则两侧应由大额枋燕尾榫卯口、由额枋燕尾榫卯口和由额垫板卯口,进深方向由穿插枋大进小出卯口或随梁枋燕尾榫卯口。画卯口以垂直地面的升线为卯口中,画卯口线要保证枋子与地面垂直。带斗栱的大式作法柱头上要安放平板枋,因此不做馒头榫。柱子画完以后,要在内侧下端标写位置号(位置号的最后一个字距柱根30cm左右为宜),然后交制作人员制作。

檐柱头上额枋燕尾卯口和随梁枋燕尾榫卯口(母榫),高为额枋高,宽、深各为檐柱径的3/10,燕尾口深度方向外侧每边各按卯口深的1/10收分做"乍",宽度方向下端每边按口宽的1/10收"溜"。采用袖肩作法时,袖肩长按柱径的1/8,宽与乍的宽边相等。由额枋与檐额枋作法同。由额垫板卯口为直插卯口宽按柱径的3/10,高为板高,深为柱径的3/10,檐角柱头做十字箍头榫卯口,宽3/10檐柱径,箍头榫卯口里口高随箍头枋高,外口按额枋高8/10定高。

檐柱上穿插枋卯口大进小出,进榫部分卯口高为穿插枋高,大进半榫部分,深为3/10或1/3檐柱径,小出榫部分,高按进榫一半,榫头露出柱皮1/2檐柱径。卯口宽按柱径的3/10。

柱头馒头榫按柱径的1/4或3/10定长、宽、方,榫上面按榫长的1/10收溜并将外端倒棱。柱脚管脚榫按柱径的3/10或1/3定长、宽(径),圆柱管脚榫截面通常做长圆柱形,方柱管脚榫与柱头馒头榫作法相同。

用二锯把柱头柱脚盘齐,同时留做出两端的榫头,用凿子按所画出卯口的要求剔做出每种卯口,在柱脚四面中线处剔出撬眼。

二、梁(柁)类构件制作

(一)材料要求

选备材料必须严格把关,梁类构件所使用的木材必要时应进行检测,确定其名称、种类、材质,或进行抗拉、抗压、抗剪等强度实验,做好木材含水率测试。符合木结构规范要求,设计对材料有特殊要求时,应符合设计要求。

(二)梁料粗加工

按照设计尺寸要求,把原木荒料打截成所需梁构件的长短尺寸适当留荒,以备制作时盘头打截,把打截好的圆木先在电锯房加工成见方规格毛料。

根据屋架梁的种类,把加工好的见方规格毛料进一步加工刨光成规格净梁料。

(三)七架梁、五架梁、三架梁、六架梁、四架梁、月梁制作

梁两端画上垂直于底面的迎头分中线,用方尺以迎头分中线从梁底向上反画出平水线、抬头线,把分中线弹在梁上下长身上,把平水线、抬头线弹在梁的两侧面,按每面宽的 1/10 弹出梁下角滚楞线,在梁的上面两侧以半椽径弹出梁上角滚楞线,梁上角两侧面按抬头线滚楞。

用丈杆在梁上面的中线上点出 1/2 梁的中位线,由此线分别向外两端点画出每步架中线,点画出梁身上的瓜柱卯口位置,从端头步架中线向外让出一檩径点画出梁头外端盘头线。

用方尺以中线为准,把点画的中位线、每步架中线、梁头外端盘头线围画到梁身四面,同时画出瓜柱卯口、垫板卯口、梁头上面象鼻檩碗卯口,用檩碗样板在梁头侧面圈画出檩碗卯口。把梁翻过来画出馒头榫海眼。在靠前檐步架的熊背上,分别标写上位置号。

用二锯把梁头盘齐,用凿子按所画卯口的要求剔做出每种卯口,用刨子把梁四角滚楞刮圆。

(四)三步梁、双步梁、单步梁(抱头梁)、顺梁制作

梁两端画上迎头分中线,用方尺以迎头中线从梁底向上反画出平水线、抬头线,把中线弹在梁上下长身上,把平水线、抬头线弹在梁的两侧面,按每面宽的 1/10 弹出梁下角滚楞线,上面以半椽径弹出梁上角滚楞线,梁上角两侧面按抬头线滚楞。

用丈杆在梁上面的中线上点出画出每步架中线,从端头步架中线向外让出一檩径点画出梁头外端盘头线、梁尾盘头线、梁尾榫头抱柱肩膀和回圆肩膀断肩线,同时还应点画出瓜柱位置卯口线。

用方尺以中线为准,画出瓜柱卯口、垫板卯口,画出梁尾榫头、梁头上面象鼻檩碗卯口,用檩碗样板圈画出檩碗卯口,把梁翻过来画出馒头榫海眼,在靠前檐步架的熊背上,分别标写上位置号。

用二锯把梁头盘齐,开出梁尾榫头挖出抱肩断肩和回圆肩膀,用凿子按所画卯口的要求剔做出每种卯口,用刨子把梁四角滚楞刮圆。

三、枋类构件制作

(一)材料要求

选备材料必须严格把关,枋类构件所使用的木材必要时应进行检测,确定其名称、种类、材质,或进行抗拉、抗压、抗剪等强度实验。做好木材含水率测试,设计对材料有特殊要求时,应符合设计要求。

(二)枋类粗加工

根据枋的种类,把加工成的规格毛料进一步加工刨光成规

格枋净料。

用半柱径内圆样板以两端柱之间箍头枋净长线（即一端燕尾榫根线至另一端的箍头榫根线），在箍头枋上下面圈画出一端燕尾榫与另一端箍头榫的抱柱肩膀，用燕尾榫样板套画出箍头枋一端燕尾榫（燕尾榫作法与额枋同），用方尺画出另一端箍头榫（箍头榫的宽按柱径 3/10 高随箍头枋高），如十字搭交箍头榫则应按山面压檐面的规则画出上下十字卡腰榫，燕尾榫与箍头榫两侧抱柱肩膀按"三开一等肩"分成三份，里一份为撞肩，外二份面出圆回肩，箍头榫外箍头高按箍头枋高从下皮向上减去一斗口或 0.5 椽径，箍头头宽以箍头枋宽按 0.5 斗口或 0.25 椽径两侧扒腮，用方尺把所点画、圈画、套画的线过面出来，并按分份的规则，分画出箍头头的霸王拳箍头或三叉头箍头，在箍头枋上面标写位置号，然后交制作人员制作。

用二锯把箍头枋两端盘齐，开燕尾榫、断肩、拉圆回肩、扒腮、拉出霸王拳或三叉头、用凿子剔做箍头榫上下十字卡腰榫，用刨子把额枋四角滚楞刮网。

（三）承椽枋制作

将已备好的承椽枋规格料两端画上垂直于底面的迎头分中线，把分中线弹在承椽枋上下长身上，按上下小面宽的 1/10 弹出额枋四角滚楞线。

以承椽枋一端点画出一道盘头线，以盘头线向里点画出此端燕尾榫所需的长度线，以此线用相对应的丈杆所标面宽（柱中至柱中）尺寸，减去柱头一柱径（每端半柱径）点画。两柱之间承椽枋净长尺寸线，由此线向外再点画出另一端燕尾榫所需的长度线（燕尾榫的长按柱径 3/10），此线即另一端盘头线，同时还要把在丈杆上以分排好的椽碗点画到承椽枋的外侧面上。

用半柱径内圆样板以两端柱之间承椽枋净长线（即两端燕尾榫根线），在承椽枋上下面圈画出承椽枋的抱柱肩膀，用燕尾榫样板套画出承椽枋两端燕尾榫，燕尾榫高按承椽枋高，宽、长各按柱径的 3/10,燕尾榫根部向里侧每边各按燕尾榫长的 1/10 收分做"乍",采用袖肩作法时,袖肩长按柱径的 1/8,宽与乍的宽边相等。燕尾榫两侧抱柱肩膀,按"三开一等肩"分成三份,里一份为撞肩,外二份画出圆回肩,用方尺把所点画、圈画、套画的线过画出来,按举斜画出椽碗,在承椽枋上面标写位置号,然后交制作人员制作。

四、椽望类(木基层)构件制作

(一)材料要求

选备材料必须严格把关,木基层所使用的木材必须经过木材检验部门的检测,确定其名称、种类、材质,做好抗拉、抗压、抗剪等强度实验。做好木材含水率测试,实验结果必须达到国家木结构规范要求,设计对材料有特殊要求时,应符合设计要求。

(二)圆檐椽制作

如设计无规定时,圆檐椽直径,大式 1.5 斗口,小式 1/3 檐柱径,椽长檐步架加 2/3 上檐出乘举斜系数,按上述尺寸放大样并制做样板。

把选择出的直径适合制做圆檐椽的荒料,按椽长加出盘头荒份打截,两端画上迎头十字中线,用椽径八卦样板在两端迎头以迎头十字中线套画出八方、十六方,根据八方和十六方用刨子把椽刮圆净光。

把迎头十字中线弹在圆檐椽长身上,用檐椽样板套画出椽长,画出椽头盘头线、交掌盘头线按椽直径 3/10 弹出椽金盘线。

用锯把椽头盘齐拉出交掌斜面,用刨子刮出金盘线,按序码放以备安装。

（三）方檐椽制作

如设计无规定时,方檐椽直径,大式1.5斗口见方,小式1/3檐柱径见方,椽长檐步架加2/3上檐出乘举斜系数,按上述尺寸放大样并制做样板。

把加工好的规格毛料进一步加工刨光成规格椽料,按椽长加出盘头荒份打截,用檐椽样板套画出椽长,画出椽头盘头线、交掌盘头线。

用锯把椽头盘齐拉出交掌斜面,用刨子把两侧面和底面净光,按序码放以备安装。

第二节 石作

古建筑使用石料的品种、颜色、规格、质量必须符合设计要求或古建筑传统作法要求。一般水平方向的石纹(称卧茬)料,宜用于加工压面石、阶条石、踏跺石、腰线石、垂带石、槛垫石、分心石、过门石、沟漏石、券石、上马石等大部分受压石构件。一般垂直石纹(称立茬)料,宜用于柱子、角柱石等轴心受压的石构件,斜向石纹的石材禁止使用。

(1)熟悉图纸:全面熟悉施工图纸和技术交底文件,了解石作工程的设计要求,熟知石构件所在建筑物上的功能、位置、石材种类、表面作法要求及安装要求。

(2)核对石构件的石材种类、尺寸、规格、数量、表面作法要求:按设计文件要求,确定石构件的石材种类,核对各个石构件的长、宽、高等尺寸,确定各种石构件的加工数量,特别是石构件外露的表面加工作法和要求。

(3)挑选荒料:根据石构件在建筑物中所处的位置,选定所需石料的品种和荒料尺寸,并确定石料的看面和纹路。冬季不宜挑选石料,常温挑选石料要用小锤仔细敲击,听其击打声音,声音比较轻脆者为上等好料。声音混浊、沙哑或发闷声时,是带有隐残或瑕疵,或是质地不均匀的反映,应谨慎选用。外观检查荒料时,要注意如有裂缝、隐裂、石瑕、石铁、纹理不顺和带有红白线条等缺陷时,应尽可能避免使用,但如果裂缝和隐残不甚明显,也可考虑使用在某些不重要的部位。

(4)打荒:在已确定荒料的看面(好面)上以石料表面最低处为基点进行抄平弹线用錾子凿去线以上表面高出的部分,初步找平,为下一道工序打好基础。

(5)弹轧线、打轧线:在规格尺寸以外 10～20mm 处,弹出需要加工的墨线,称"弹轧线"。将轧线以外的多余石料打掉,称"打轧线"。

(6)小面弹线、大面装线抄平:先在任意一个小面上,靠近大面之处弹一道水平线(不能超过大面的最凹处)以此线为准,相继弹出其他小面的水平线。弹线时通常使用"装棍儿"找平,称"装线"。弹出的线须保证大面的各条边均在同一水平面上。

(7)砍口、齐边:将各小面上的墨线以上部分用錾子凿去,然后用扁子沿着此线在大面的四周扁光出棱,使大面各边角整齐直顺,刮出的金边宽度一致,如能在安装后再刮一次金边,效果会更好。

(8)大面刺点:刺点是石活加工中凿的一种手法,操作时錾子应立直。刺点凿法适用于花岗石等坚硬的石料,汉白玉等较软的石料及需要磨光的石料均不可刺点,以免留下錾影。

(9)轧线、打小面:在找平后的大面上按设计要求弹出石构件的规格尺寸线,以轧线为准,用錾子依次对小面进行加工,各面打完轧线的石构件应初步符合设计要求所需形状及规格尺寸要求。

(10)轧线、截头:以打好的两个小面为准,在大面的两头轧线(弹线)用錾子凿去轧线以外部分,露出端头上的两个小面。也可只加工好一个小面,另一个小面待现场安装时,以现场安装实际尺寸确定所甩截头的轧线位置,现场截头,现场加工小面。

(11)打大底:在不露明的大面侧边,弹出厚度尺寸线,用錾子凿掉多余部分,确定石构件的厚度尺寸。

(12)打糙道:打糙道应在刺点后进行。打糙道前可先在石构件表面上弹出若干道直线,用圆錾子按线打糙道,以求打糙道直顺、平行、均匀、自然、整齐美观。打糙道一般一寸三道至一寸五道(注:一寸指一营造寸,一营造寸等于32mm)。刺点或打糙道的平整度均以石构件的金边为准。

(13)砸花锤:石构件经过凿打已基本平整,用花锤进一步将石面砸平。砸花锤应用力均匀,不可过猛,落锤要富有弹性,锤面下落时锤顶与石表面平行。如设计要求石材表面为砸花锤作法,砸完花锤进一步找平后即可交活。

(14)剁斧:也称"占斧",是比较讲究的作法,也是石构件表面最常见的作法。用剁斧在石构件表面轻剁,一般剁三遍斧,第一遍斧只糙剁一次,剁掉花锤印和錾影,剁印应比较均匀直顺。第二遍斧剁两次,第一次斜剁,第二次直剁,每次用力递减,举斧高度距石表面200mm为宜,斧印均匀,痕迹直顺,深浅一致,无第一遍剁斧痕迹。第三遍剁三次,第一次向右上方斜剁,第二次向左上方斜剁,第三次直剁。第三遍剁斧时,斧子应比较锋利,用力较轻,举斧高度距石面150mm为宜,剁出的斧印应均匀、细密、直顺,无第二遍痕迹。也可将第三遍斧的最后一道工序放在石构件安装后进行。在石表面弹上若干道细的墨线,用锋利的快斧顺线细剁,观感更好。

(15)打细道:石构件表面经过剁斧处理后,表面已经相当平整,用锋利的尖錾子、锤子打细道。打细道的密度有一寸七道、一寸九道、一寸十一道(注:一寸指一营造寸,一营造寸等于32mm)。打细道前可先在石构件表面弹出墨线,沿墨线打细道。如果石构件表面较宽,要把道打的垂直,可顺着石构件的纵向在中间先打出两道凸线(称阳线),然后在两旁分别平行凸线打细道。打细道的方向应与石构件的纵向相垂直,也可以打斜道,左右互斜,打成"人字型"或菱形等。打出的细道应直顺、畅通、均匀且深浅一致,不应有乱道或断道现象。打细道的工序也可在快竣工之前进行。表面要求磨光的石构件,可以无此工序,剁完斧后直接进行磨光。

(16)磨光:剁完斧可进行磨光,对有要求磨光的石构件,在荒料找平时不宜剌点。打道时,应尽量使錾子平凿,以免石构件表面受力过重。石构件表面也不宜砸花锤,防止出现新的凹凸不平,加大磨光难度,影响磨光的质量。磨光一般分为三道工序。第一道糙磨,用粗糙的金钢石沾水磨数遍,磨的过程中可在石构件的表面洒一些"宝砂"即金钢砂。第二遍用细的金钢石沾水再磨数遍,直至石构件表面无凹凸、磨光、磨亮后为止,用水冲净石面,晾干。第三道,在充分干燥的石构件表面掸去浮尘,用软布沾蜡在石构件表面反复擦磨,出光、出亮为止。

(17)扁光:有时石料表面不要求磨光,而要求扁光。其方法是用锤子和扁子将石料表面打平剔光。经扁光的石料,表面平整光顺,没有斧迹凿痕,但也没有经磨光的石料那样光亮。扁光多用于雕刻花饰的底部处理,有时也用做素平石料的表面处理。

第三节　斗栱作

一、外檐斗栱作

(一)一斗三升斗栱的制作

该隔架斗栱是将双翅雀替安置在一斗三升斗栱上,并在栱的座斗下安装底座而成。

1. 材料要求

斗栱用材一般采用天然生长的优质红、白松风干料为制作原材料。柱头科、角科坐斗用材宜使用硬杂木,如柏木、桦木、落叶松木等。云棋、云头及斜昂嘴等处的构件用材,可根据实际情况粘(拼)接,但必须用木螺钉固定,并将钉帽卧进木材中,表面用同树种、同纹理木材嵌实遮盖。制作用胶的各项指标必须符合同家有关规范标准。

2. 操作工艺

(1)熟悉图纸

通过熟悉图纸及设计交底详细了解建筑物的功能作法、构造特点、设计意图及有无特殊的使用要求。

核实图纸上一斗三升斗栱各部位的斗口尺寸,如攒挡、拽架尺寸,构件长、宽、厚是否与传统权衡尺寸一致,避免误操作。

核实个别部位的特殊作法,如构件是否减做、连做等。

(2)确定分件尺寸及作法

①斗栱作法

一斗三升斗栱各分件的模数尺寸根据"斗口"而定。

凡斗栱构件相叠,必须栽木销。纵向构件及斜向构件相迭,每层用于固定的销子不少于2个,升、斗销子每件1个,正心枋与正心檩栽销间距不大于1m。

②平身科作法

平身科斗栱中横向(面宽)、纵向(进深)构件相交,均须"刻口卡腰"扣搭。刻口部位的要求:横向(面宽方向)构件为"等口",刻口向上;纵向(进深方向)构件为"盖口",刻口向下(即面宽压进深),各留1/2,遇有"连做"构件,则可根据安装顺序灵活掌握。"刻口卡腰"必须两面"剔袖",袖深0.1斗口。

③柱头科作法

柱头科斗栱中横向(面宽方向)构件与纵向(进深)构件相

第三章　中国古建筑的各项构造与施工工程

交,位置处于麻叶梁下皮本层及以下层的构件均须"刻口卡腰"扣搭。刻口部位的要求:横向(面宽方向)构件为"等口",刻口向上;纵向(进深方向)构件为"盖口",刻口向下(即面宽压进深),各留1/2;"刻口卡腰"必须两面"剔袖",袖深0.1斗口。

④角科作法

角科斗栱中横纵两方向构件相交的,"刻口卡腰"与平身科斗栱作法相同,与斜向构件重合相交的其斜向构件为"盖口",刻口向下,上部留1/3;纵向(进深方向)构件为"腰枋",上下刻口,中部留1/3;横向(面宽方向)构件为"等口",刻口向上,下部留1/3;斜向构件"刻口卡腰"处的细部尺寸中长度尺寸需乘以自身所处夹角的加斜系数;斜向构件的"刻口卡腰"处不"剔袖",与斜向构件相交的横纵构件也不剔"袖"。

(3)放大样

根据设计图纸及传统清官式作法尺寸在墙面、地面或木板上按1∶1足尺画出一斗三升斗栱各构件的侧立面及正心棋子的正立面图;画出刻口、袖卯的平面详图并详细标注细部尺寸,角科斗栱需画出平面,以详细标明角科各构件的位置、尺寸、叠合关系及头、尾两端的组合。

画好后的大样,应随时遮盖,妥善保管,不得污损。以备在制、安施工时随时对照检验。

(4)制作样板

用三、五合板依照大样把一斗三升斗栱各构件的外形套画下来,制作成形并依画线要求刻出口子。在样板上写明构件名称、尺寸、数量。制作好的样板应妥善保管,分类存放。

(5)加工规格料

根据构件的尺寸、数量加工规格木料。配料要求平直方正、尺寸准确,各种指标符合现行标准规定。各类规格料加工的数量及长短应留出适当余量。加工好的规格料要求分类码放待用。

(6) 依样板画线

样板贴附于规格料大面,用画签沿样板外轮廓在规格料上准确画线,随后用方尺将线过到规格料的另一面,同样画线,要求规格料两面的外轮廓线相互对应,方正不走形。

面线宜使用墨线;用方尺过线必须将方尺尺墩贴附于规格料两个平直方正的"好面";榫卯画线相交必须出头,以备查验。

(7) 分件制作

平凿依线剔凿销子卯眼,卯眼垂直方正,深浅一致。曲折面锯解加工后必须用净铇净光,加工面直顺方正,平滑光洁。异形曲线部分的加工必须保证加工面曲线和缓圆润,生动流畅,平直光洁不走形。刻口卡腰锯解加工,必须保证松紧适宜,略虚不涨。制作成形后的半成品除安装时必须留用的墨线外一律用净铇铇光,不得留有墨迹污渍、斧印刨痕。

(二) 溜金斗栱的制作

溜金斗栱是清制式的一种斗栱,宋制没有这种名称,但有类似形状的,将昂尾延长成挑杆,直伸到下平槫位置,《营造法原》称为"琵琶科"。

溜金斗栱是用撑头木的尾端制成斜杆,按举架斜度,从檐柱轴线部位溜到金柱轴线部位,将这两个部位的斗栱连接起来,使之形成一个整体而加强整个建筑的稳定性。溜金斗栱多用于比较豪华的带有围廊的大式建筑上,如北京故宫太和殿的围廊上就用有这种斗栱。

1. 材料要求

溜金斗栱用材一般采用天然生长的优质红、白松风干料为制作原材料。柱头科、角科坐斗用材宜使用硬杂木,如柏木、桦木、落叶松木等。昂嘴、后尾秤杆、夔龙尾、菊花头及三幅云栱等构件用材可根据实际情况顺木纹粘(拼)接,粘(拼)接同时必须用木螺钉固定,并将钉帽卧进木材中,表面用同树种、同纹理木材嵌实遮盖。溜金斗栱制作用胶的各项指标必须符合国家有关规范标准。

2. 操作工艺

(1)熟悉图纸

通过熟悉图纸及设计交底详细了解建筑物的功能作法、构造特点、设计意图及有无特殊的使用要求。熟悉溜金斗栱各分件的扣搭、安装顺序,头、尾组合,熟悉斗栱每层的构件组成。

核实图纸上溜金斗栱各部位的斗口尺寸,如攒挡、拽架尺寸,构件长、宽、厚是否与传统权衡尺寸一致,避免误操作。核实个别部位的特殊作法,如构件是否减做、连做等。

(2)确定分件尺寸及作法

①溜金斗栱作法

溜金斗栱各分件的模数尺寸根据"斗口"而定。以"斗口"为计算单位。凡斗栱构件相叠,必须栽木销。纵向构件及斜向构件相迭,每层用于固定的销子不少于2个,升、斗销子每件1个,挑檐枋及正心枋栽销间距不大于1m。

②溜金斗栱平身科作法

平身科中横向(面宽)、纵向(进深)构件相交,均须"刻口卡腰"扣搭。刻口部位的要求:横向(面宽方向)构件为"等口",刻口向上,纵向(进深方向)构件为"盖口",刻口向下(即面宽压进深),各留1/2。遇有"连做"构件,则可根据安装顺序灵活掌握。"刻口卡腰"必须两面"剔袖",袖深0.1斗口。

③柱头科斗栱作法

柱头科斗栱中横向(面宽方向)构件与纵向(进深)构件相交,位置处于桃尖梁下皮本层及以下层的构件均须"刻口卡腰"扣搭。刻口部位的要求:横向(面宽方向)构件为"等口",刻口向上;纵向(进深方向)构件为"盖口",刻口向下(即面宽压进深),各留1/2;"刻口卡腰"必须两面"剔袖",袖深0.1斗口;位置处于桃尖梁下皮本层以上层的枋子不做"刻口卡腰",仅在桃尖梁相应部位按枋子尺寸剔"袖"(卯),枋子与其直交。

④角科斗栱作法

角科斗栱中横纵两方向构件相交的,刻口向下,上部留 1/3;纵向(进深方向)构件为"腰枋",上下刻口,中部留 1/3;横向(面宽方向)构件为"等口",刻口向上,下部留 1/3;斜向构件"刻口卡腰"处的细部尺寸中长度尺寸需乘以自身所处夹角的加斜系数;斜向构件的"刻口卡腰"处不"剔袖",与斜向构件相交的横纵构件也不剔"袖"。

后续的工艺与一斗三升斗栱制作的工艺流程相同,这里不再赘述。

(三)平座斗栱的制作

平座即指楼房的楼层檐口带有伸出的平台(相当现代楼房的檐廊),平座斗栱就是支承平台的斗栱,起着悬挑梁的作用。它的特点是没有外伸的昂头,也可以说没有昂,只有翘(单翘或重翘),宋制平座斗栱一般里端不挑出,只外端挑出(《营造法原》称为丁字科);而清制平座斗栱有与宋制相同的,也有里外都挑出的。其他构造与平身科、柱头科、角科相同。

1. 材料要求

平座斗栱用材一般采用天然生长的优质红、白松风干料为制作原材料。柱头科、角科坐斗用材宜使用硬杂木,如柏木、桦木、落叶松木等。平座斗栱制作用胶的各项指标必须符合国家有关规范标准。

2. 操作工艺

(1)熟悉图纸

通过熟悉图纸及设计交底详细了解建筑物的功能作法、构造特点、设计意图及有无特殊的使用要求。熟悉平座斗栱各分件的扣搭、安装顺序,头、尾组合,熟悉平座斗栱每层的构件组成。

核实图纸上平座斗栱各部位的斗口尺寸,如攒挡、拽架尺寸,构件长、宽、厚是否与传统权衡尺寸一致,避免误操作。核实个别部位的特殊作法,如构件是否减做、连做等。

(2)确定分件尺寸及作法

①平座斗栱作法

平座斗栱各分件的模数尺寸根据"斗口"而定。以"斗口"为计算单位。

凡平座斗栱构件相叠,必须栽木销。纵向构件及斜向构件相迭,每层用于固定的销子不少于2个,升、斗销子每件1个,挑檐枋及正心枋栽销间距不大于1m。

②平座斗栱平身科作法

平身科斗栱中横向(面宽)、纵向(进深)构件相交,均须"刻口卡腰"扣搭。刻口部位的要求:横向(面宽方向)构件为"等口",刻口向上;纵向(进深方向)构件为"盖口",刻口向下(即面宽压进深),各留1/2,遇有"连做"构件,则可根据安装顺序灵活掌握。"刻口卡腰"必须两面"剔袖",袖深各0.1斗口。

③平座斗栱柱头科作法

柱头科斗栱中横向(面宽方向)构件与纵向(进深方向)构件相交,位置处于踩步梁下皮本层及以下层的构件均须"刻口卡腰"扣搭。刻口部位的要求:横向(面宽方向)构件为"等口",刻口向上;纵向(进深方向)构件为"盖口",刻口向下(即面宽压进深),各留1/2;"刻口卡腰"必须两面"剔袖",袖深0.1斗口;位置处于踩步梁下皮本层以上层的枋子不做"刻口卡腰",仅在踩步梁相应部位按枋子尺寸剔"袖"(卯),枋子与其直交。

④平座斗栱角科作法

角科斗栱中横纵两方向构件相交的,"刻口卡腰"与平身科斗栱作法相同,与斜向构件重合相交的其斜向构件为"盖口",刻口向下,上部留1/3;纵向(进深方向)构件为"腰枋",上下刻口,中部留1/3;横向(面宽方向)构件为"等口",刻口向上,下部留

— 99 —

1/3；斜向构件"刻口卡腰"处的细部尺寸中长度尺寸需乘以自身所处夹角的加斜系数；斜向构件的"刻口卡腰"处不"剔袖"，与斜向构件相交的横纵构件也不剔"袖"。

后续的工艺与一斗三升斗栱制作的工艺流程相同，这里不再赘述。

二、内檐斗栱作

（一）隔架斗栱的制作

隔架斗栱是指间隔上下横梁之间的斗栱，如楼房中的楼板承重梁，为减轻其荷载，往往在其下布置一根随梁作辅助梁，在承重与随梁之间，就用隔架斗栱作为传递构件。宋制建筑没有此构件。隔架斗栱一般为比较简单的单棋或二重棋结构，棋顶上面的撑托木多做成雀替形式，大斗底下的托墩多做成荷叶墩、宝瓶等形式。

1. 材料要求

隔架斗栱用材一般采用天然生长的优质红、白松风干料为制作原材料。隔架斗栱用材，可根据实际情况粘（拼）接。隔架斗栱制作用胶的各项指标必须符合国家有关规范标准。

2. 操作工艺

（1）熟悉图纸

通过熟悉图纸及设计交底详细了解建筑物的功能作法、构造特点、设计意图及有无特殊的使用要求。熟悉隔架斗栱各分件的扣搭、安装顺序，上下组合，熟悉隔架斗栱每层的构件组成。核实图纸上隔架斗栱各部位的斗口尺寸，如梁的空当及构件长、宽、厚是否与传统权衡尺寸一致，避免误操作。

第三章　中国古建筑的各项构造与施工工程

（2）确定分件尺寸及作法

隔架斗栱各分件的模数尺寸根据"斗口"而定。以"斗口"为计算单位。凡斗栱构件相叠,必须栽木销。升、斗销子每件1个,荷叶墩、雀替的销子不少于2个。隔架斗栱根据两梁间实际高度决定斗栱为单或重栱作法,如高度尺寸与斗口尺寸略有误差时,可按本身高度比例作适当调整。

① 坐斗（大斗）

坐斗宽3斗口,深4斗口,高2斗口。斗底、腰、耳高比为2∶1∶2。坐斗用材的横切面与"栱子"平行。坐斗斗耳部分平行建筑物面宽方向刻"瓜栱"口子。坐斗斗底部分四面做出"八字倒棱",并凿出"销子眼"。"销子眼"的外缘做出"压棱";斗底十字线延伸到斗底外棱。

② 正心瓜栱

正心瓜栱厚2斗口,高2斗口,长至两侧棋外棱6.6斗口（与槽升子连做）。

贴斗耳：在斗底、斗腰位置按槽升子满外尺寸、形状做出斗耳,钉接在相应位置。

栱瓣：两端栱头下部做卷杀,分为四瓣。

栱眼：双面刻栱眼,栱眼呈凸起状,三面刻深0.1斗口,向栱眼中部起弧。

栱身销子眼：在两端栱眼上方凿构件固定销子眼各一个。

③ 正心万栱

正心万栱厚2斗口,高2斗口,长至两端棋外棱9.6斗口（与槽升子连做）。

贴斗耳：在斗底、斗腰位置按槽升子满外尺寸、形状做出斗耳,钉接在相应位置。

栱瓣：两端栱头下部做卷杀,分为三瓣。

栱眼：双面刻栱眼,栱眼呈凸起状,三面刻深0.1斗口,向栱眼中部起弧。

栽销：栱头位置居中凿槽升子销子眼。

④荷叶墩

荷叶墩厚 2 斗口,高 2.5 斗口,长 9 斗口。

荷叶墩上部按坐斗斗底外形锯出凹槽,并沿两侧向下做荷叶状外形,不"起峰",两个大面做雕刻。

栽销:荷叶墩上部凿大斗销子眼,底部凿随梁销子眼。

雀替:雀替厚 2 斗口,高 4 斗口,长 20 斗口。雀替自两端头上皮回返 60°角呈斜状,"起峰",底面内凹,"起峰",并"起弧做渠",两个大面做雕刻。

栽销:雀替底部凿棋子销子眼。上部凿承重梁销子眼。

后续的工艺与一斗三升斗栱制作的工艺流程相同,这里不再赘述。

(二)品字斗栱的制作

品字斗栱因其斗升的摆布轮廓有似品字而得名,它的特点是没有昂,只有翘,分单翘和重翘,里外对称,左右对称,《营造法原》称为十字科,宋专用作平座斗栱。清多用作平座斗栱和大殿里金柱轴线部位的斗栱。

1. 材料要求

品字斗栱用材一般采用天然生长的优质红、白松风干料为制作原材料。品字斗栱柱头科、角科坐斗用材宜使用硬杂木,如柏木、桦木、落叶松木等。品字斗栱制作用胶的各项指标必须符合国家有关规范标准。

2. 操作工艺

(1)熟悉图纸

通过熟悉图纸及设计交底详细了解建筑物的功能作法、构造特点、设计意图及有无特殊的使用要求。熟悉品字斗栱各分件的扣搭、安装顺序,头、尾组合与昂翘斗栱头、尾组合的区别,熟悉品字斗栱每层的构件组成。

第三章　中国古建筑的各项构造与施工工程

核实图纸上品字斗栱各部位的斗口尺寸,如攒挡、拽架尺寸,构件长、宽、厚是否与传统权衡尺寸一致,避免误操作。核实个别部位的特殊作法,如构件是否减做、连做等。

(2)确定分件尺寸及作法

①品字斗栱作法通用规定

品字斗栱各分件的模数尺寸根据"斗口"而定。以"斗口"为计算单位。凡斗栱构件相叠,必须栽木销。纵向构件及斜向构件相迭,每层用于固定的销子不少于2个,升、斗销子每件1个,井口枋及正心枋栽销间距不大于1m。

②品字斗栱平身科作法

平身科斗栱中横向(面宽)、纵向(进深)构件相交,均须"刻口卡腰"扣搭。刻口部位的要求:横向(面宽方向)构件为"等口",刻口向上;纵向(进深方向)构件为"盖口",刻口向下(即面宽压进深),各留1/2,遇有"连做"构件,则可根据安装顺序灵活掌握。"刻口卡腰"必须两面"剔袖",袖深0.1斗口。

③品字斗栱柱头科作法

品字斗栱柱头科中横向(面宽方向)构件与纵向(进深)构件相交,位置处于桃尖接尾梁下皮本层及以下层的构件均须"刻口卡腰"扣搭。刻口部位的要求:横向(面宽方向)构件为"等口",刻口向上;纵向(进深方向)构件为"盖口",刻口向下(即面宽压进深),各留1/2;"刻口卡腰"必须两面"剔袖",袖深0.1斗口;位置处于桃尖接尾梁下皮本层以上层的枋子不做"刻口卡腰",仅在桃尖接尾梁相应部位按枋子尺寸剔"袖"(卯),枋子与其直交;与桃尖接尾梁相交的"厢栱头"与桃尖接尾梁榫卯相交。

后续的工艺与一斗三升斗栱制作的工艺流程相同,这里不再赘述。

第四节 油漆作

一、材料配置与木基层处理

(一)材料配置

1. 灰油熬制

将土籽灰与樟丹混合在一起,放入锅内炒之(炒的时间要长,如砂土开锅状),使水份消净后再倒入生桐油,加火继续熬之,因樟丹和土籽灰体重,易于沉底,故熬时用油勺随时搅拌,使樟丹土籽灰与油混合。油开锅时(最高温度不超过180℃)用油勺轻扬放烟,既不窝烟又避免油热起火,待油表面成黑褐色(开始由白变黄)即可试油是否成熟。试油方法将油滴于冷水中,如油入水不散,凝结成珠即为熬成,出锅放凉方可使用。

表 3-1 材料配合比例

季 节	材料		
	生桐油	土籽灰	樟 丹
春 秋	100	7	4
夏	100	6	5
冬	100	8	3

2. 油满配制

将面粉倒入桶内或搅拌机内,陆续加入稀薄的石灰水,以木棒或搅拌机搅拌成糊状(不得有面疙瘩),然后加入熬好的灰油

第三章 中国古建筑的各项构造与施工工程

调匀,即为油满。

油满有二油一水[1],一个半油一水[2],一油一水[3]等,就是油与石灰水比。在古代建筑的修缮中,经过多次实践,既不浪费材料,又保证工程质量,多用一个半油一水,即白面1:水1.3:灰油1.95。

3. 熬炼光油

第一法:以二成苏子油八成生桐油,放入锅内熬炼(名为二八油)熬到八成开时,以整齐而干透的土籽,放于勺内,浸入油中颠翻浸炸(桐油100kg:土籽1kg)俟土籽炸透,再倒入锅内,油开锅后即将土籽捞出,再以微火炼之,同时以油勺扬油放烟,避免窝烟(温度不超过180℃),根据用途而定其稠度。事先准备好碗、水桶、铁板等,随时试其火候(试验方法详见下面的注意事项中),成熟后出锅,再继续扬油放烟,俟其稍有温度时,再加入陀僧(又名黄丹粉),盖好存放即可。其比例为100kg油:2.5kg陀僧。

第二法:第一法为少量熬炼方法,如大量熬炼时,先将苏子油熬沸(名为煎丕),再以干透的整齐土籽浸入油内颠翻浸炸(每100kg油加土籽5kg)其熬炼方法与第一法同。俟此油滴于水中,用棍搅散,再用嘴吹之能全部粘于棍上即为熬好。此时将土籽捞净(熬炼时要扬油放烟)出锅后,再分锅熬炼(以二成丕八成生桐油)待开锅后即行撤火,以微火炼之,成熟后(试验方法详见下面的注意事项中)即行灭火,出锅后继续扬油放烟,待稍有温度时,再加入陀僧(100kg油加2.5kg陀僧)。

4. 发血料

新鲜猪血,以藤瓢或稻草,用力研搓,使血块研成稀血浆,无

---

[1] 1.3kg石灰水加2.6kg灰油者名为二油一水。
[2] 1.3kg石灰水加1.95kg灰油者名为一个半油一水。
[3] 1.3kg石灰水加1.3kg灰油者名为一油一水。

血块血丝,再行过罗去其杂质,放于缸内,再以石灰水点浆,随点随搅至适当稠度即可(猪血与石灰比为100∶4)三小时后即可使用。

5. 砖灰

砖灰系向油满血料内填充材料(南方多用瓦灰、琬灰等)分籽灰,中灰,细灰三种。根据工序和部位,而用不同的砖灰。籽灰又分大中小三种,如木件裂纹或缺陷较大者用大籽,小者用中籽或小籽。

6. 麻、麻布、玻璃丝布

古建油漆彩画基层(地仗)所用的麻为上等线麻,经加工后,麻丝应柔软洁净无麻梗,纤维拉力强,其长度不小于10cm。①

麻布(夏布):应质优良、柔软、清洁、无跳丝破洞,拉力强者为佳。每厘米长度内以10～18根丝为宜。

玻璃丝布:解放后我们多次利用玻璃丝布代替麻布,经多年考验效果很好,既经济,又耐久。用时将布边剪去,每厘米长度内以10根丝者为宜。

7. 桐油

桐油品种很多,有三年桐、四年桐、罂桐等,多产于我国南方各省市,质量最佳者为三年桐与四年桐,每年收获时间在9、10月间。榨油方法,分为冷榨熟榨两种。第一次冷榨可得油30%,然后再将子仁渣加热进行熟榨,又可得油10%,色呈金黄者为佳,无其他油类混入者叫"原生油",是地仗钻生必需材料。

---

① 加工工序为:梳麻(将麻截成80cm左右长,以麻梳子或梳麻机梳至细软,去其杂质和麻梗)、截麻(根据工程面积大小再行截成适当尺寸,如迎风板、板墙、明柱等可不截麻)、择麻(麻截好后再行择麻,去其杂质疙瘩、麻梗、麻披等,使其纯洁)、掸麻(用竹棍两根,各手一根,将麻挑起掸顺成铺,用席卷起存放,打开即可使用)。

8. 地仗材料调配

以油满、血料和砖灰配制而成,其配比是依腻子的用途而定,配制方法主要由捉缝灰至细灰,逐遍增加血料和砖灰,撤其力量,以防上层劲大而将下层牵起。配合比(重量)如下表。

表3-2 地仗材料配比

材名 灰类	油 满	血 料	砖 灰	备 注
捉缝灰、通灰	1	1	1.5	加光油2, 水6
压麻灰	1	1.5	2.3	
中灰	1	1.8	3.2	
细灰	1	10	39	
头浆	1	1.2		

表3-3 灰粒级配表

种 类	级 配	
捉缝灰、通灰	大籽70%	中反30%
压麻灰	中籽60%	中灰40%
中灰	中籽20%	中灰80%

9. 细腻子

用血料、水、土粉子(3∶1∶6)调成糊状,在地仗上或浆灰上使用。

10. 洋绿、樟丹、定粉出水串油

洋绿、樟丹、定粉等,使用前须先用开水多次浇沏,除去盐碱硝等杂质,再用小磨磨细,待其沉淀后将浮水倒出,然后陆续加入浓光油(加适当的光油一次不可过多)以油棒将水捣出,使油与色料混合,再以毛巾反复将水吸出,再加入光油即可使用。

11. 广红油

将漂广红入锅内焙炒,使潮气出净,用罗筛之,再加适当光油调匀,以牛皮纸盖好,置阳光下曝晒,使其杂质沉底。上层者名为"油漂",末道油使用最好。

12. 杂色油

配制方法与广红油同,但可不炒。

13. 黑烟子

黑烟子又名灯煤,先轻轻倒于罗内,上盖以软纸,放在盆内,以手轻揉之,慢慢即落于盆内,去罗后,再以软纸盖好,以白酒浇之,使酒与烟子逐渐渗透,再以开水浇沏。浮水倒出后,加浓度光油,以油棒捣之出水,用毛巾将水吸净,再加光油即可。

14. 金胶油

贴金用的浓光油名为金胶油,浓度的光油,视其稠度大小,酌情加入"糊粉"(定粉经炒后名为糊粉),求其黏度适当。

洋绿是有毒性的颜料,在磨制和串油时,应带手套口罩,饭前便前必须洗手,以防中毒。

金胶油以隔夜金胶为佳,头一天下午打上后,第二天早晨还有黏度者,则贴上的金,光亮足,金色鲜。如贴不上金者名为"脱滑",必须重打。

(二)木基层处理

1. 斩砍见木

将木料表面用小斧子砍出斧迹,使油灰与木表面易于衔接,方能牢固。如遇旧活应将旧灰皮全部砍挠去掉,至见木纹为止。在砍挠过程中应横着木纹来砍,不得斜砍,损伤木骨,然后用挠子挠净,名为"砍净挠白"。旧地仗脱落部分,因年久木件上挂有水锈,也要砍净挠白,方可作灰。木件翘岔处应钉牢或去掉。

2. 撕缝

用铲刀将木缝撕成 V 字形,并将树脂、油迹、灰尘清理干净,便于油灰粘牢。大缝者应下竹钉、竹扁,或以木条嵌牢,名曰"楦缝"。

3. 竹钉

如木料潮湿,木缝易于缩涨,会将捉缝灰挤出,影响工程质量。故缝内下竹钉竹扁,可防止缩涨。竹钉尖要削成宝剑头形,其长短粗细,要根据木缝宽窄而定。竹钉下法,应由缝的两端向中一起下击,以防力量不均而脱掉。钉距约 15cm 左右,两钉之间再下竹扁,确保工程质量。下竹钉是古建油漆传统作法,今多省略,以木条代之。

4. 汁浆

木料虽经砍挠打扫,但缝内尘土很难清净,敁汁油浆一道,以 1 油满：1 血料：20 水调成均匀油浆,不宜过稠,用糊刷将木件全部刷到(缝内也要刷到)使油灰与木件更加衔接牢固。

二、操作工艺

(一)一麻五灰操作工艺

1. 捉缝灰

油浆干后,用笤帚将表面打扫干净,以捉缝灰用铁板向缝内捉之(横掖竖划)使缝内油灰饱满,切忌蒙头灰(就是缝内无灰,缝外有灰,叫蒙头灰)如遇铁箍,必须紧箍落实,并将铁锈除净,再分层填灰,不可一次填平。木件有缺陷者,再以铁板衬平借圆,满刮靠骨灰一道。如有缺楞少角者,应照原样衬齐。线口鞔角处须贴齐。干后,用金刚石或缸瓦片磨之,并以铲刀修理整齐,以笤帚扫净,以水布掸之,去其浮灰。

2. 扫荡灰

扫荡灰又名通灰,作在捉缝灰上面,是使麻的基础,须衬平刮直,一人用皮子在前抹灰(名为插灰),一人以板子刮平直圆(名为过板子),另一人以铁板打找捡灰(名为捡灰),干后用金刚石或缸瓦片磨去飞翅及浮籽,再以笤帚打扫,用水布掸净。

3. 使麻

使麻分以下几道工序。

(1)开头浆:用糊刷蘸油满血料(1∶1.2)涂于扫荡灰上,其厚度以浸透麻筋为度,但不宜过厚。

(2)粘麻:前面开头浆,后面跟着将梳好的麻粘于其上,要横着木纹粘,如遇木件交接处和阴阳角处,随两处木纹不同,也要按缝横粘,麻的厚度要均匀一致。

(3)轧干压:名为轧麻,麻经粘上后,以若干人用麻压子先由鞔角着手,逐次轧实,然后再轧两侧,注意鞔角不得翘起,干后如出现断裂者,名为"崩鞔"。

(4)潲生:以油满和水(1∶1)混合一起调匀,以糊刷涂于麻上,以不露干麻为限,但不宜过厚。

(5)水压:随着潲生后,再以麻压子尖将麻翻虚(不要全翻),以防内有干麻,翻起后再行轧实,并将余浆轧出,以防干后发生空隙起凸现象。

(6)整理:水压后再复压一遍,进行详细检查,如有鞔角崩起,棱线浮起或麻筋松动者(名为抽筋),应予修好。

4. 压麻灰

麻干后，以金刚石或缸瓦片磨之，使麻茸浮起（名为断斑），但不得将麻丝磨断。用笤帚打扫，以水布掸净，以皮子将压麻灰涂于麻上，要来回轧实与麻结合，再度复灰，以板子顺麻丝横推裹衬，要做到平、直、圆。如遇装修边框有线脚者，须用竹板挖成扎子或以白铁皮制成，在灰上扎出线脚，粗细要匀要直、平。如工程需要作两道麻或一麻一布者，此时可先不轧线，待再上压麻灰或压布灰时再行轧线。

5. 中灰

压麻灰干后以金刚石或缸瓦片磨之，要精心细磨，以笤帚打扫，以水布掸净，以铁板满刮靠骨灰一道，不宜过厚。如有线脚者，再以中灰轧线。

6. 细灰

中灰干后用金刚石或缸瓦片将板迹接头磨平，以笤帚打扫，以水布掸净，再汁水浆一道（净水），用铁板将鞒角、边框、上下围脖、框口、线口，以及下不去皮子的地方，均应详细找齐。干后再以同样材料用铁板、板子、皮子满上细灰一道（平面用铁板，大面用板子，圆者用皮子），厚度不超过 2mm，接头要平整，如有线脚者再以细灰轧线。

7. 磨细钻生

细灰干后，以细金刚石或停泥砖精心细磨至断斑（全部磨去一层皮为断斑），要求平者要平，直者要直，圆者要圆。以丝头蘸生桐油，跟着磨细灰的后面随磨随钻，同时修理线脚及找补生油（柱子要一次磨完，一次钻完），油必须钻透（所谓钻透者就是浸透细灰），干后呈黑褐色，以防出现"鸡爪纹"现象（表面小龟裂），浮油用麻头擦净，以防"挂甲"（浮油如不擦净，干后有油迹名为挂甲）。俟全部干透后，用盆片或砂纸精心细磨，不可遗漏，然后打扫干净，至此，一麻五灰操作过程就全部完成了。

在此过程中，一麻五灰地仗面层发生鸡爪纹和裂纹者，其主要原因是麻层以上油灰过厚造成的，故木料有缺陷者，应在使麻以前，用灰找平、找直、找圆，就能避免这种毛病。

钻生油必须一次钻好，如油浸入较快，可继续钻下去，切不可间断。油钻透后将浮油擦净，以防挂甲。如钻油过多，也会使生油外溢，名为"顶生"，因而影响油漆彩画的质量，应特别注意。

在操作以前应检查工具架木，是否牢固适当，以防发生安全事故。如开头浆薄而溯生大时，则麻容易磨掉。有时油满发酵，也会出现这种现象。

地仗过板子，轧线均须三人流水操作，使麻时人可更多一些。旧活操作顺序，应由右而左，由上而下。新活木件完整者，可用皮子扫荡，由左而右，由下而上。谚云："左皮子右板子。"如遇柱顶石，或八字墙时，麻不可粘于其上，须离开3至5mm，以防地仗吸潮气后而使麻丝腐烂。柱子溜细灰时，应先溜中段（膝盖以上至扬手处）后溜上下，由左而右操作之，皮口应藏在阴面。磨细灰时，应由鞍角、柱根着手，由下而上磨之，以利钻生。磨线脚时（两柱香、平口线、混线、梅花线、云盘线等）均应精心细磨，不可磨走样，要横平竖直。

旧活如找补一麻五灰者，可将破损处砍掉，周围砍出麻口，然后按一麻五灰工序操作之。博风与博脊交接处应事先钉好防水条（铁皮或油毡）再行使麻，以防漏水。木件与墙面、地面交接处，应以纸糊好，或刷以黄泥浆，以防油灰接触粘牢，损坏墙面或地面，完活后再以水洗掉。

（二）三道油操作工艺

1. 浆灰

以细灰面加血料调成糊状，以铁板满克骨一道，干后以砂纸

第三章 中国古建筑的各项构造与施工工程

磨之,以水布掸净。

2. 细腻子

以血料、水、土粉子(3∶1∶6)调成糊状,以铁板将细腻子满克骨一遍,来回要刮实,并随时清理,以防接头重复,干后以砂纸细磨,以水布掸净。

3. 垫光头道油

以丝头蘸配好的色油,搓于细腻子表面上,再以油拴横蹬竖顺,使油均匀一致,除银朱油先垫光樟丹油外,其他色油均垫光本色油,干后以青粉炝之,以砂纸细磨。

4. 二道油(本色油)

操作方法与垫光油同。

5. 三道油(本色油)

操作方法与垫光油同。

6. 罩清油(光油)

以丝头蘸光油(不加颜料者)搓于三道油上,并以油拴横蹬竖顺,使油均匀,不流不坠,拴路要直,鞅角要搓到,干后即为成活。

注意事项:

第一,油漆前应将架木及地面打扫干净,洒以净水,以防灰尘扬起污染油活。如遇贴金者,应在二道油干后,即行打金胶油,贴金,再扣三道油,罩清油。注意金箔上不可刷油。一般在罩清油时有抄亮现象,其原因有寒抄、雾抄、热抄等。在下午三时后,不可罩清油,以防入夜不干而寒抄。雾天不可罩清油,以防雾抄。冷热气温不均,则热面抄亮,而冷面不抄。

第二,当刷完第一道油以后,再刷第二道油,有时会碰到第二道油在第一道油皮上凝聚起来,好像把水抹在蜡纸上一样,这种现象,叫作"发笑"。为防止发笑,每刷完一道油可用肥皂水或酒精水或大蒜汁水,满擦一遍,即可避免这种现象。如出现发笑的质量事故,可用汽油洗掉,重新再刷一遍即可。

第三,椽望油漆,老檐应由左而右,飞檐应由右而左操作之。搓绿油时,如手有破伤者不得操作,以防中毒。洋绿有剧毒,宜慎之。

(三)单披灰操作工艺

1. 四道灰

四道灰,多用于一般建筑物,下架柱子和上架连檐、瓦口、椽头、博风挂檐等处,可节省线麻,但不耐久。操作过程为:捉缝灰、扫荡灰、中灰、细灰、磨细钻生。

装修隔扇、推窗大边使麻者与一麻五灰操作同。博风砍完后,即可钉梅花钉,以便与各层皮结合。如有两柱香、云盘线者,通灰后即可轧线。

2. 三道灰

三道灰多用于不受风吹雨淋的部位,如室内梁枋,室外挑檐桁、椽望、斗栱等。

三道灰的操作过程为:捉缝灰、中灰(梁枋以皮子将中灰靠骨找平,但不得过厚。斗栱平面者,以铁板找平,圆者以皮子找圆,椽望以铁板、皮子满靠骨中灰一道,干后用金刚石或缸瓦片磨去飞翅板迹)、细灰、磨细钻生。

斗栱操作程序应由里向外,以保证油灰上去不会碰坏。梁枋作三道灰时,在调料时应加小籽灰。捉椽鞅时,以铁板填灰刮直,使鞅内油灰饱满。

3. 找补二道灰

旧活大部完好,只个别处损坏,需要局部修理,可将其损坏部位砍去,加以补修即可。

操作过程为:捉中灰(用铁板将中灰捉于修补处,干后磨去其飞翅)、找细灰(用铁板或皮子将细灰满刮一道,要与旧活找平)、磨细钻生。

4. 菱花三道灰

旧菱花年久,油皮脱落灰皮翘起者,应全部洗挠干净,洗挠时应少用水,以防木毛挠起,影响质量。新菱花可肘细灰,干后细磨再钻生油即可。

操作过程为:中灰(以铁板满克骨中灰一道,干后用金刚石或砂纸,精心细磨)、细灰(平面用铁板细灰,孔内肘灰,干后精心细磨)、磨细钻生(全部磨好后再钻生油)。

5. 花活二道半灰

裙板雕刻花活,绦环、花牙子、栏杆、垂头、雀替等,均为木雕刻,在洗挠过程中,不得将花纹挠走样,在作地仗时要将花纹缺少处补齐,干后细磨,再汁浆一道。

操作过程为:捉缝灰、找中灰(以铁板复找中灰)、满细灰(平面以铁板满刮一道细灰,花活处满肘细灰。肘细灰是用细灰加血料调成糊状,以刷子涂于花纹上,名为肘细灰)、磨细钻生。

三、贴金、扫金、扫青、扫绿、扫蒙金石

(一)贴金

金箔是我国手工艺特产品,驰名中外,江浙二省多产之。金箔有九八与七四之别:九八者又名库金;七四者又名大赤金。

1000张为一具,每具10把,每把10贴,每贴10张。

库金质量最好,适用于外檐彩画,经久不变颜色。大赤金质量较差,经风吹日晒易于变色。

操作过程为:打金胶(彩画贴金和框线、云盘线、山花寿带、挂落、套环等贴金,除彩画打两道金胶外,其余均打一道金胶,以筷子笔蘸金胶油,涂于贴金处,油质要好,宽狭要齐,油要均匀,不流不皱纹)、贴金[当金胶油尚有适当黏度时,将金箔撕成适当尺寸,以"金夹子"(竹子制成)贴于金胶油上,再以棉花拢好]、扣油[金贴好后,以油拴扣原色油一道(金上不着油,谓之扣油),如金线不直,可用色油找直,有者干后再罩清油一道]。

注意事项:

第一,贴金时,应将贴金部位用"金帐子"围起(用布制成),以防金被风吹跑。贴金时要跟手(金到哪儿,手指就到哪儿),对缝要严,不要搭口过多,以防浪费。如不跟手,则会有"绽口"。下架框线、云盘线等贴金,应罩清油一道,可耐久不受磨损。

第二,俗语云:一贴、三扫、九塑金。扫金是贴金的三倍,塑金是贴金的九倍(以用量而言)。塑金以白芨(药材名)、鸡蛋清将金研碎,绘出花纹,金光夺目,美丽异常。贴金应由左而右,由下而上操作之。斗栱金线贴金应由外向里贴金,以防金胶油被蹭掉。

(二)扫金

扫金多作于面积较大的地方,因贴金会有一方块、一方块的痕迹。而扫金则成为一个整体,但用金量较大。

操作过程为:打金胶、扫金(将金箔用"金筒子"揉成金粉,然后用羊毛笔将金粉轻轻扫于金胶油表面,厚薄要均匀一致,然后用棉花揉之,使金粉与金胶油贴实,浮金粉扫掉即可)。

(三)扫青、扫绿、扫蒙金石

古代建筑多有匾额(横者为匾,竖者为额)。在地仗作好后,有者,地扫蒙金石,而字扫青、扫绿,有者,地扫青、扫绿,而字贴金。作法多样,今将一般作法叙述如下。

如灰刻字匾额,应在中灰上衬细灰一道(名为渗灰),其厚度依字的深浅而定,再以糊刷蘸水,轻轻刷出痕迹,干后再细灰一道,细灰干后,磨细钻生。生油干后,再贴字样,照原字样全部刻出,而后将纸闷掉,再加以整理找补生油,再浆灰一道,细腻子一道,磨好后即可上油。

1. 垫光油

与三道油操作工艺中的垫光头道油做法相同。

2. 本色油

如地扫青者,应刷一道青色较稠的油,扫绿者,应刷一道绿色较稠的油,扫蒙金石者,刷较稠的光油。油要均匀饱满。

3. 扫青、扫绿、扫蒙金石

油刷好后即时将青或绿、蒙金石用罗过筛。青者筛好后,应放在阳光处晒之,使其速干;绿者筛好后,可放在室内阴凉处即可(俗语云:湿扫青,干扫绿)。经过 24 小时后,用排笔扫去浮色即可,其美如绒。扫蒙金石,方法与青绿同。

第五节　彩画作

一、和玺彩画作法

(一)金龙和玺

金龙和玺是在各部位均以绘龙为主,现将各部位布局叙述如下。

(1)外檐明间,挑檐桁及下额枋为青箍头、青楞线、绿枋心。

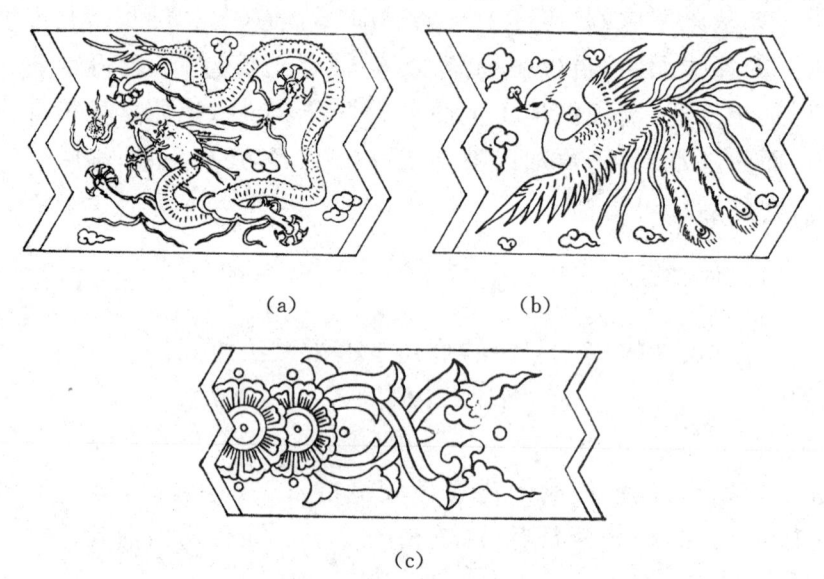

(a)金龙和玺藻头龙画法;(b)龙凤和玺藻头凤画法;(c)龙草和玺轱辘草画法

图 3-1　藻头画法

枋心内画行龙或二龙戏珠,藻头青色画升龙,宽长者可画升降龙各一条,如有盒子者为青盒子,内画坐龙或升龙,岔角切活。大额枋为绿箍头,绿楞线,青枋心。枋心内画行龙或二龙戏珠,藻头绿色画降龙,有盒子者为绿盒子,内画坐龙,岔角切活。

(2)次间,与明间青绿调换,即挑檐桁下额枋为绿箍头、绿楞线、青枋心。稍间与明间同;尽间与次间同,以此类推。

(3)廊内插柁,为青箍头、青楞线、绿枋心,枋心内画龙。

(4)廊内插梁,为绿箍头、绿楞线、青枋心,枋心内画龙。

(5)垫板,银朱油地,画行龙或片金轱辘草(龙头对明间正中)。

(6)坐斗枋,青地画行龙(龙头对明间正中)。

(7)压斗枋,青地画工王云(图 3-2)。

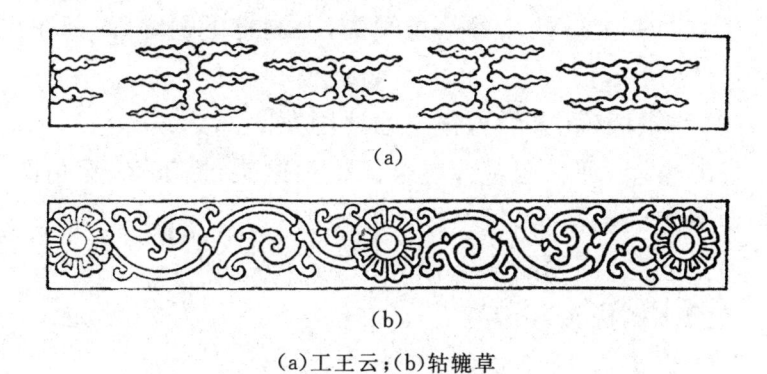

第三章　中国古建筑的各项构造与施工工程

(a)工王云；(b)轱辘草

图 3-2　压斗枋画法

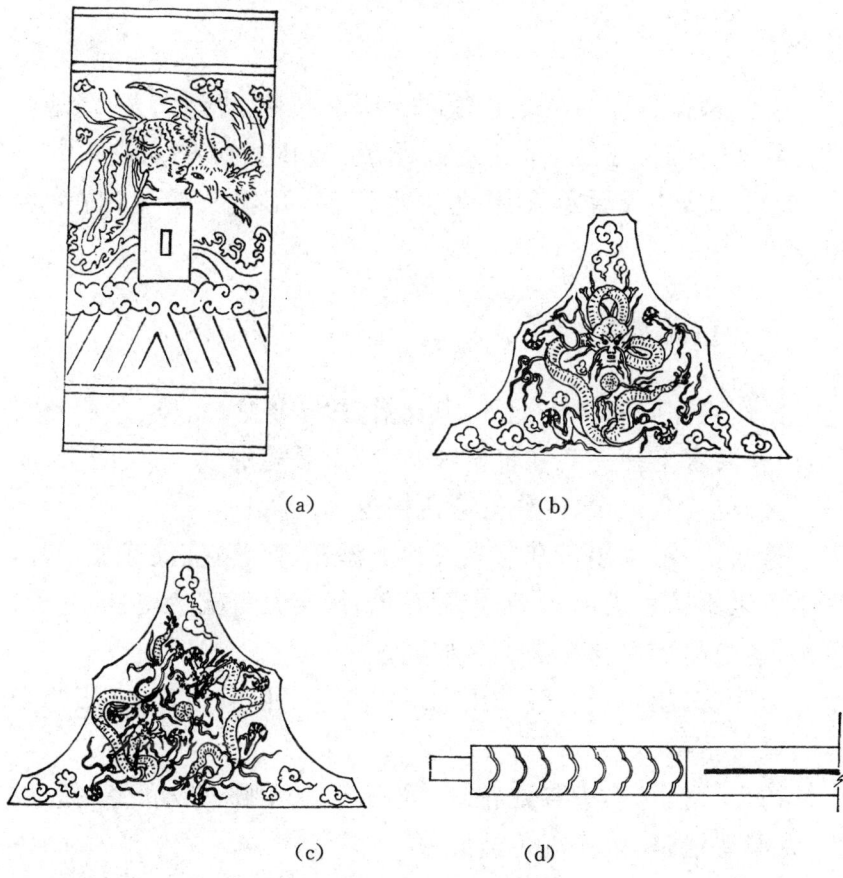

(a)和玺柱头画法；(b)斗栱板龙画法之一；(c)斗栱板龙画法之二；(d)角梁肚弦画法

图 3-3　柱头、龙、角梁肚弦的画法

(8)柱头,上下两头各一条箍头,上刷青下刷绿,内部花纹有多种作法。

(9)斗栱板(灶火门),银朱油地画龙。

(10)宝瓶,沥粉西蕃莲混金。挑尖梁头、霸王拳、穿角两侧:均画西蕃莲沥粉贴金,压金老。

(11)肚弦,沥粉贴金退青晕。

(12)飞檐椽头,金万字。

(13)老檐椽头,金虎眼。

(14)斗栱,平金边。

(二)龙凤和玺

全部操作程序与金龙和玺同。所不同者,青地画龙,绿地画凤多压斗枋画工王云,坐斗枋画龙凤,斗栱板画坐龙或一龙一凤,垫板画龙凤;活箍头用片金西蕃莲,死箍头晕色,拉大粉压老。

(三)金琢墨和玺

操作程序除完全提地外,其余作法与金龙、龙凤、龙草和玺同,但在要求上比一般和玺精细,其特点是轮廓线、花纹线、龙鳞等,均沥单粉条贴金,内作五彩色攒退。

箍头,一般采用贯套箍头或锦上添花、西蕃莲、汉瓦加草等,攒小色以不顺色为原则,如青配香色,绿配紫等五色调换,盒子、藻头、枋心的配色与箍头配色相同。

坐斗枋、压斗枋一般采用金琢墨八宝、西蕃莲等。垫板为金琢墨雌雄草(又名公母草)。

枋心、盒子、藻头各处花纹,龙身等均须照一般和玺轮廓放大,龙鳞要清楚,以便五色攒退。

(四)龙草和玺

全部操作程序与金龙,龙凤和玺同。除藻头、枋心、盒子、垫板等按金龙龙凤和玺规定外,涂蓝地处改为红地,画金轱辘楞草,青绿攒退,或四色查齐攒退等,霸王拳金边金老晕色大粉。

压斗枋、坐斗枋画工王云或流云等,斗栱板画三宝珠火焰。

二、旋子彩画作法

(一)金线大点金

基本操作程序上,枋心画龙锦,池子、盒子青地画龙,绿地画西蕃莲。

沥大粉,先沥箍头大粉,继之枋心岔口线、盒子线、皮条线、小池子、坐斗枋、降幕云、角梁等,均须横平竖直,线条半鼓起。

沥小粉,大粉沥完后再沥小粉,先沥枋心,继之盒子、藻头、旋眼、菱角地、栀花心、宝瓶、老檐金虎眼、飞檐金万字等。

刷色,刷绿刷青方法与和玺同。枋心画宋锦,较宽者画一整两破,用二青二绿刷整青破绿,如窄者,可画两破,上二青,下二绿,岔角随箍头,青箍头刷二绿岔角,绿箍头刷二青岔角。

宋锦带子,先拉紫色对圆金花心,再拉香色压紫色,香色对小方栀花心,然后带子边圈双黑,带子中间画一道细白粉。紫色与香色十字中,要画白元别子,宽度与带子线同,别子由紫色下面上来压香色,斜方地上点白菊花,花瓣为四大四小,花心点樟丹,别子内圈两道红樟丹线,白菊花外圈点八个黑元点,各点代小须(名为蛤蟆咕头),贴金后小金栀花心用红点,小金轱辘心用蓝点,然后再点小白点。

藻头旋花,青绿刷完后,用黑烟子勾黑,沿旋子轮廓直线以尺棍圈好,后画旋子外围圆度,再勾旋子瓣和二路瓣或三路瓣与栀花等,再勾垫板半拉瓢、檩头旋子、降幕云、栀花等,在黑线里边再画细白线一道,随着勾黑线,名为"吃小晕"。

垫板,垫板上的池子、岔口如青者,可作两个绿池子,中间一个红池子。如绿岔口,可作两个红池子,一个绿池子。如红池子,地子先用粉笔画出博古轮廓形,再提红地,用黑、黄、绿、蓝兑出各色,画博古(下带座),上画花草,博古上点缀花纹。绿池子画花,须先刷二绿地,后垛白花,垫小色过矾水、矾花头、开染花瓣,按花头深浅染润,最后插黑枝叶(也有用一色黑作切活者),岔角用黑烟子、二绿切水牙,二青切草。拉晕色,用三青三绿润色。枋心外围箍头内两边岔口线、皮条线、降幕云、上下调色,角梁肚弦再随晕色拉大粉。

压老,在箍头中间画一黑线,名为压老,靠付箍头外画一黑线,余者刷黑,名为"老箍头"。岔口金线里边画一道黑线,名为"齐金"。

掏老,垫板上秧,画一道黑线,不穿过箍头,名为"掏老"。

椽头,飞檐作金万字,拍绿油地,老檐画虎眼,青绿退晕,如方椽可画寿字。

(二)石碾玉

它的作法,除旋花、栀花勾黑后外,在吃小晕前用三青三绿润色圈大晕,粗细与勾黑线同。在大晕上靠黑线再吃小晕,其余与大点金同。

(三)金琢墨石碾玉

与石碾玉所不同者,凡勾黑线路均改为沥粉贴金,枋心、盒子、圈大晕,小晕的位置作法与石碾玉同。

压斗枋可画西蕃莲,沥单粉条贴金,花草内五色攒退。

坐斗枋画金卡子、金八宝,配金琢墨攒退带子,绿带子红里攒退外线,沥小粉贴金。

箍头一般用活箍头,金琢墨攒退。

垫板沥金轱辘雌雄草,外围沥小粉,刷樟丹油或银朱油,干后用青粉或土粉子炝好,再抹三青、三绿、浅黄等色,按粉条包黄胶,润色、攒深色,粉条贴金后行粉。卡子、池子垫板与石碾玉花纹同。

(四)墨线大点金

花纹作法与金线大点金同,除线路用墨线外(如箍头线、枋心线、盒子线等)一切沥大粉处完全画黑线,全部小粉与金线大点金同。

(五)金线小点金

花纹作法与金线大点金同,唯菱角地随旋子瓣变为青绿,不贴金,吃小晕一道。

(六)墨线小点金

除旋眼、栀花心沥粉贴金外,其余线路、花瓣,均为黑线。压斗枋、坐斗枋、垫板、枋心、池子等,画法与雅伍墨同。

(七)雅伍墨

一切线路和旋眼、菱角地等,均为墨线,无金活,旋眼、菱角地青绿二色,随旋子勾黑吃小晕。

箍头盒子,青箍头画整栀花盒子,绿箍头画四枝半个栀花。

枋心,一般采用夔龙和黑叶子花,上下互相调换,如画花刷地子时,青箍头青楞线者。刷二绿地,然后画白花头,先垫粉红、月黄、丹色等。花头过矾水开染花瓣,按花头深浅染润,插黑叶子。绿箍头绿楞者,可画夔龙,先刷樟丹地再行拍谱子,用三青按谱子垛龙,然后开粉,用深蓝攒退。

垫板,画栀花、半拉瓢、池子,池子内刷二青二绿地者切活。拉大黑、勾黑、拉大粉、吃小晕、压老、掏老等与金线大点金周,但也有作长流水者。

压斗枋,完全刷青,拉大黑大粉,压老。

坐斗枋,作法有多种,有作栀花、降幕云、长流水等。

椽头,画黑万字、黑虎眼、黑栀花、勾黑吃小晕。

另一种雅伍墨作法,是垫板满涂红油地,名为"腰断红"。枋心刷深青深绿,中间画一条黑杠,名为"一字枋心"。

挑檐桁、枋心无楞线,有岔口青绿地,名为"普照乾坤"。

(八)雄黄玉

以满刷樟丹为主,然后打谱子,拉大黑,旋花瓣按勾黑处,用三青三绿拉晕色。箍头、楞线有大黑处改拉三青三绿晕色,然后拉大粉、吃小晕,压老。

三、斗栱彩画作法

斗栱彩画一般有三种作法,根据大木彩画而定。

第一,如彩画为金琢墨石碾玉、金龙、龙凤和玺等,则斗栱边多采用沥粉贴金,刷青绿拉晕色。

第二,如彩画为金线大点金、龙草和玺等,则斗栱边不沥粉,平金边。

第三,如彩画为雅伍墨、雄黄玉等,则斗栱边不沥粉不贴金,抹黑边,刷青绿拉白粉。

四、苏式彩画作法

(一)金琢墨苏画

檩垫枋三件合为一组,划三等分,中间一段画包袱,三个筒烟云(软筒或硬筒),包袱心可画楼台殿阁、山水、人物、翎毛、花卉等。包袱地讲究者为金地,一般为色地。包袱两侧蓝地画聚锦,聚锦地一般刷白色或旧纸色或浅绿色,聚锦心画各种时代的题材,聚锦边金线内抹各种小色,聚锦埝头、聚锦叶、随攒退活。

垫板池子分为两种。活岔口为烟云,死岔口为拉晕色大粉,池子心须接天地,可画翎毛、花卉、金鱼、山水等,绿地藻头可画花卉走兽。

卡子外围单粉条贴金,内中五色小色攒退。箍头连珠可画各种花纹,沥粉贴金攒退活。柁头可画"线法",山水或卡海棠核、别子锦等。柁帮画金琢墨西蕃莲或锦上添花等。椽头沥粉贴金,方圆寿字或福字、万字等。

(二)黄线苏画

黄线苏画又名墨线苏画,全部不沥粉没金活。包袱心画风景山水花卉等;聚锦内画花卉虫草等。垫板作染葫芦、葡萄、喇叭花、绿地藻头花等。

卡子绿地红卡子,蓝地绿卡子或香色卡子。红地蓝卡子,攒退跟头粉。箍头画回纹或锁链锦,青箍头则连珠用香色退晕,绿箍头用紫色退晕(图3-4)。

(a)回纹箍头;(b)锁链锦

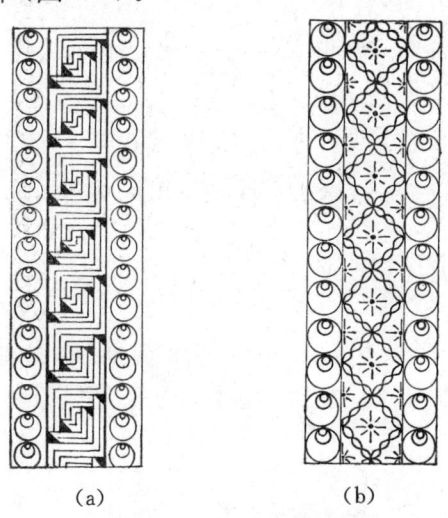

图 3-4　回纹箍头画法

柁头蓝地作染四季花,柁帮紫地,香色地画三蓝拆垛花、竹叶梅、藤萝等。飞檐椽头黄万字或倒切万字。老檐椽头福寿字或百花图。

(三)金线苏画

包袱一般两个筒烟云,包袱心接天地,画山水、人物、翎毛、花卉等。聚锦与金琢墨苏画同。

垫板池子画阳抹山水或金鱼、桃柳燕,垫板靠近箍头者可画锦或红地画博古。

藻头绿地可画黑叶子花,靠箍头者蓝绿地画片金卡子,箍头可画片金花纹。连珠刷白地,画方格锦。柁头掏三色格子,画博古。柁帮作染竹叶梅或喇叭花等。飞檐椽头沥粉金万字。老檐椽头金边画色福寿或百花图或金边单粉条红寿字。凡沥粉处均贴金。

(四)海漫苏画

死箍头无金活,作颜色卡子,其作法与黄线苏画同。蓝地画红、黄、绿三色流云,绿地画黑叶子花,中间红垫板可画三蓝花,不带卡子者画流云花卉。

柁帮画三蓝竹叶梅,柁头蓝地黄边拆垛花卉,如有檩枀者(枀是檩下枋子),青桁条香色枀,绿桁条紫枀,画三蓝落地梅。

(五)和玺加苏画

换句话说,就是和玺彩画中加一些苏画,全部为活箍头。除盒子、枋心改画山水、人物、翎毛、花卉外,其余部位画法与和玺同。

(六)金线大点金加苏画

在金线大点金旋子彩画中加苏画,除枋心、盒子、池子去掉龙锦改画山水、人物、翎毛、花卉外,其余部位画法与金线大点金同。

五、天花彩画作法

(一)片金天花

先丈量天花板及井口大小,支条宽窄尺寸,然后根据尺寸配纸起谱子,先起方圆箍子,后起箍子内各种花纹,再起岔角花纹。起好后进行扎谱子,天花板地仗作好后,磨生油、过水布、拍谱子,先沥方圆箍子大粉,沥粉时先在天花板正中心钉一小钉,用细铅丝以圆箍子的半径长,两头湾套(一头一个,一头二个)一头套在钉上,另一端套在粉尖子上(套在外环上沥圆箍子外线,套在里环上沥圆箍子内线)。次沥方箍子的大粉,后沥方圆箍子内小粉。沥齐后进行刷色,圆箍子内一般提青地(也有提红地和其他色地)岔角提二绿地,再抹岔角云及燕尾小色,黄、粉红、三青、三绿等色,然后包黄胶,打金胶,贴金,再开粉齐金,润色、攒退岔角燕尾小色。如燕尾作金琢墨或烟琢墨者,则轱辘心刷青中点白点。

方箍子外边刷砂绿,支条刷正绿,抹井口线。圆箍子内多绘龙凤,西蕃莲、汉瓦等。

(二)金线天花

操作程序同片金天花,唯圆箍子内多绘花卉团鹤等,方圆箍子贴金,岔角、燕尾作烟琢墨,轱辘心点白点。

(三)金琢墨天花

操作程序同片金天花,唯方圆箍子内的花纹沥单粉条贴金,与金琢墨苏画作法一样。

(四)烟琢墨天花

方圆箍子内花纹不沥粉攒退,为墨线,名为烟琢墨天花。

(五)其他天花

无金活刷好色后,画红、黄线均可,岔角作各色草,润色攒退。在二绿地上按谱子用白粉画出把字草形,用佛青攒草的中间,名为"玉作"。

燕尾的轱辘勾黑行粉,井口、支条刷绿,再抹井口线,井口线要根据天花用金和不用金而定,一般规定是:

(1)梁枋彩画为金龙和玺、金线大点金者,配片金或金线天花。

(2)梁枋彩画为金琢墨者,配金琢墨天花。

(3)梁枋彩画为黄线无金活者,配墨线或黄线天花。

六、新式彩画作法

解放后随着我国社会主义建设事业的蓬勃发展,新的建筑不断涌现,对于建筑彩画又提出了新的要求。根据建筑物的功能特点,彩画艺人参考了历代彩画的用色和花纹的演变,创造出多种新式图案,在北京人民大会堂、火车站、北京饭店宴会厅、民族宫等,配合建筑绘制了大量新式彩画(图3-5)。这些彩画在使用颜色方面,大体可分冷、热、温三种,考虑阳光和视觉效果的不同要求,图书馆、礼堂须庄严肃静,休息室、会客室须温和舒适,宴会厅、大会堂须雄伟大方。总之,室内彩画颜色宜浅不宜深,花纹宜简不宜繁,用金宜少不宜多。

新式彩画有沥粉贴金,沥粉不贴金,沥粉刷色,有"攒色""着色""退晕"等多有带枋心盒子或不带枋心盒子;有带枋心无花纹,有不带枋心有花纹等多种做法。

第三章 中国古建筑的各项构造与施工工程

新式彩画操作程序与旧式彩画同。

(a)枋心；(b)藻头

图 3-5 新式彩画

第四章　中国古建筑的布局造型艺术

中国的古建筑是一个集多种文化艺术的综合体。中国古建筑的布局符合中国古代人的"天人合一"思想，也与中国古代人们对人与自然、鬼神敬畏有很大的关系。本章就在古建筑的布局方法、古建筑的造型手段上加以分析。

第一节　古建筑的布局方法

一、古建筑的平面布局法则

中国古代建筑的平面布局是最具特点的，它是中国建筑特点与西方建筑特点之间最大的区别。在西方的古建筑中我们了解到，西方古建筑大都单幢独立，和周围建筑并无关系。他们讲究的是建筑的比例关系、立面造型、艺术装饰等。我们学习古代西方建筑的历史不难发现，无论是从古希腊罗马的神庙还是中世纪的教堂，都是单独的一幢（图4-1、图4-2）。

中国古代建筑的出现大多具备成群成组的特征，追求的是平面布局与群体组合二者之间的关系。西方式的单幢建筑无过多的变化，但是建筑的群体组合之间的关系则是千变万化，丰富多彩的。中国古代建筑住宅内的小庭院，具备了安宁静谧的特色，这是由庭院实现的（图4-3、图4-4）；大殿堂前的大庭院则具备了宏大威严的效果。无论是宫殿、寺庙还是民居、园林等建筑

第四章 中国古建筑的布局造型艺术

类型,它们的出现都逃不过组群方式,只是在极少数的特殊情况下才会出现单幢独立的建筑,如一座孤单的风水塔,山林里的点景小亭子等。除了这些特殊的情况之外,中国古建筑的其他建筑类型均是由建筑群所构成。

图 4-1 古希腊时期的神庙(雅典帕提农神庙)

图 4-2 欧洲中世纪教堂(巴黎圣母教堂)

图 4-3　组合式的宫殿府第（云南省丽江木府）

图 4-4　组合式的民居（湖南省会同高椅村）

中国古建筑群的组合与布局方式一般分两种：对称式和自由式。除风景建筑和园林采用自由式的布局外，其他建筑类型如宫殿、祠堂、寺庙、民居、书院、会馆等几乎都采用了对称式的布局方法。风景建筑和园林往往也是总体上根据山水地形采用自由的布局方式，而在部分组团方式上仍然是采用对称式布局。典型的例子是北京颐和园，它的布局方式是根据万寿山和昆明

第四章 中国古建筑的布局造型艺术

湖的地势地貌采用的自由布局,但是以佛香阁为主体建筑的中心建筑群则是采用了对称式布局(图 4-5)。所以,总体上来看,中国建筑的平面组合方式主要是对称式布局。

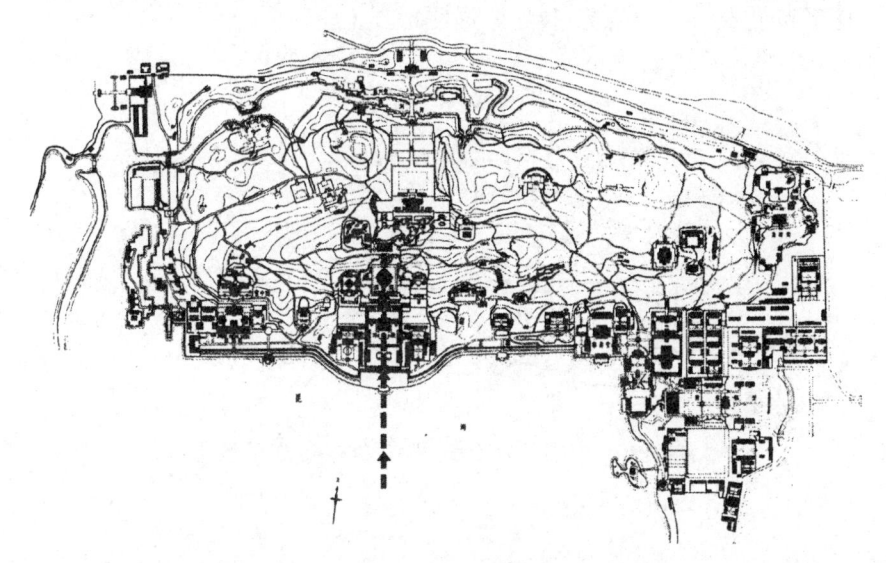

图 4-5 北京颐和园的轴线布局示意图

中国古代建筑在自身的平面布局上遵循着一定的原则——由数座单栋的建筑首先组成了一些庭院,再由这些庭院围合组成建筑群。根据这种组合方式,它的延伸方向既可以是纵向自由地延伸,也可以横向延伸(图 4-6)。理论上来讲,如果排除受到的地形影响和其他限制性条件,这个建筑群能够向四方无限地延伸,就如同摊大饼。在中国南方的许多地方性传统大家族所聚居的民居,就是按照这种方式进行排列布局组合而成的。这种方式是由家族分支出来一个祖宗,再由这个向下分出很多的分支,而祖宗这一支成为聚居的主干,再往两旁分出若干的枝干,这样的排列最终组成一个近似于"丰"或"王"的字形平面。这种布局最典型的例子是湖南岳阳县的张谷英村。张谷英是元末明初时期的江西人,后来迁到湖南岳阳定居,子孙发展繁衍了28 代,逐渐就发展成了现在的张谷英村。张谷英村的村落建筑布局是由很多小的"丰"字形平面组团进行组合而成的,其中的每一个"丰"字都是一个大家族分支,家族和家族之间互相连接,最后整个村落就逐渐形成一个整体。从时间上看,张谷英村虽然历经了明清时期到民国前后500年间的连续建造,但是现在看来却更像是一次统一规划而建成的(图4-7)。

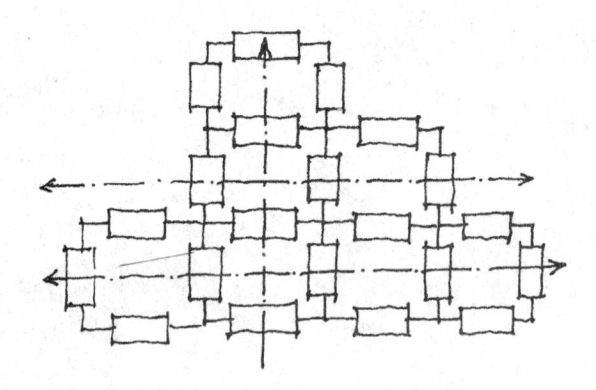

图4-6 中国传统建筑群组合式布局示意图

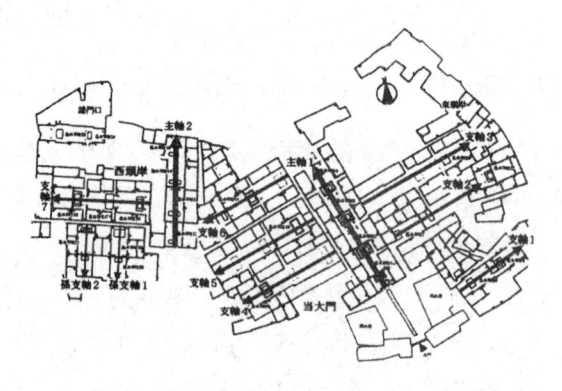

图4-7 湖南张谷英村布局图(局部)

纵向与横向连接的简单形式一般在民居建筑中比较常见,而大型建筑,如祠堂、寺庙、宫殿、会馆等的排列组合方式其实并不这样简单。大型建筑的组合方式大都有一条主轴线,那些大型的主体建筑就会沿主轴线进行布置,最终是两边大体对称。这种组合的方式有两种,一种是多轴并列式,一种是纵横轴交错式。

第四章　中国古建筑的布局造型艺术

（一）多轴并列式布局

所谓的"路"和"进"是指一条轴线就叫一路,沿着轴线向纵深发展每一座建筑就叫一进。多轴并列式组合是指在一般情况下有两条或三条轴线并列,并且向纵深方向发展,在每条轴线上又由多进建筑组合。典型的例子是湖南长沙岳麓书院主体建筑,它是由两条轴线组成,一条是书院,一条是它左边并列存在的文庙,这两条轴线就是两路(图 4-8)。广州陈家祠主体建筑布局则是由三条轴线构成,这叫作三路,陈家祠的每一路各三进建筑,由此组成了"田"字平面(图 4-9)。

图 4-8　湖南长沙岳麓书院("左路"和"右路")

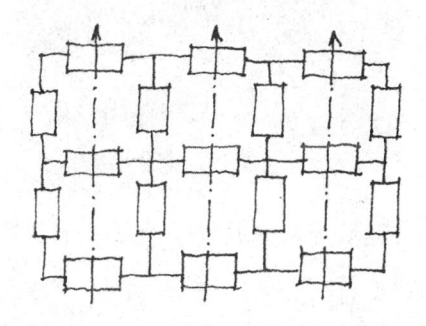

图 4-9　"三路"的平面布局示意图

(二)纵横轴交错式布局

纵横轴交错式布局是由一条主轴线和数条支轴线共同组成,主轴线和支轴线之间形成直角相交,这数条支轴线又是数路,每一路又由数进建筑共同组成。

多数情况下,一般的建筑群是沿着一条中轴线向纵深发展,而这种建筑群的规模大小却是根据它轴线上建筑的进数来决定的。平时人们也常用庭院进数去描述家族的权势和财富,如"你们家三进院落,他们家五进大院"。北京故宫自大门开始到后门结束共有十二进重重宫门,进进院落。这种庭院建筑的纵深方向上的发展,营造了一种深邃的神秘氛围(图 4-10),在古代,地位越高、权势越大的人就越想要神秘感。因此,文学作品常常用"庭院深深""豪门深似海"等来描绘这种情形。

图 4-10 庭院纵深发展(永州干岩头村周家大院)

综上所述,在给中国古建筑做设计时,首先要注意的要数古建筑的平面布局与群体组合。在做中国古建筑时,如果不懂得

第四章　中国古建筑的布局造型艺术

它的布局规律、组合方式,单栋建筑的形象即便做得再好,也不会做出真正的中国古建筑的特点。中国古建筑的最重要特点就是群体组合,它是中国古建筑的"魂"。所以单独地观察某一座中国建筑并没有太多的特点,甚至寺庙、宫殿也没有太大的差别,但把它们看成一个群体的时候,某种特殊的精神和气氛就会表现的一览无余。

二、轴线布局和主次间的关系

中国建筑的群体布局实际上体现的是一种文化观念,它有着实际的文化内涵。这种文化内涵就是社会性,就像中国古代用城市的组合去加强皇权意识的政治思想一样,中国古代建筑的群体组合同样是表达某种特定的社会关系。每个建筑群其实就是一个小型的社会,在这个小社会里有自己的核心,其他的建筑会围绕这个核心进行布局。皇宫就像个小社会,其中的核心就是皇帝,所以我们能够看到皇帝的大殿就位于皇宫的中央,周边有建筑围绕。在佛教寺庙中,因为它是一个神的社会,所以在这个小社会中,释迦牟尼(如来)就处于核心位置,他所在的大雄宝殿也就位于寺庙的中心位置,周围是其他神的建筑。家族中也一样,因此传统四合院中,家族的家长住在正房,儿孙们住厢房。由此可见,要读懂中国古建筑,首先要读懂它包含的文化精髓,不能单纯地只是观察建筑。

中国古建筑群里的中轴的对称轴线分布,也是上述社会性的表现。所以,设计古建筑时的一个重要因素就是要理清主次。在一座建筑群中一般只会布置一个核心,它是这座建筑群中最宏伟的中心建筑,它的等级最高,体量也最大。但是也有一种建筑除外,它就是文庙。

古代文庙和学校布置在一起,中国古代礼制规定,凡办学"必祭奠先圣先师",因此,凡有学校的地方就一定会有文庙。古代学校可以分成两种,官办学校叫作"学宫",民办学校叫作"书院"。根据古代的制度可以看出来，民办的学校建筑等级上要比官办学校建筑等级低。所以学宫都会布置一个独立的文庙，即在学宫主体建筑轴线的一侧另外再布置一条轴线——文庙。但是书院一般不会有独立的文庙，只是在书院建筑群里专门开辟出一座殿堂用来祭奠孔子，或叫"先师殿"，或叫"先圣殿"等，如古代四大书院中的白鹿洞书院、河南嵩阳书院等。唯独湖南岳麓书院是个特殊的例子，在书院的一旁布置了一个完整独立的文庙，由此可见岳麓书院历史上的特殊地位。学宫和文庙一般是按照并列的双轴线方式来分布，并且根据中国文化传统中的方位观念进行左右并列排列，以左为尊。一般情况下，文庙布置在学宫左边。长此下去，"左庙右学"就成为了定制传下来（图4-11）。在一座学院里，如果文庙和学宫或是书院轴线并列，那么二者之间就没轻重主次的差别了。自汉代时将儒家思想定为国家正统思想之后，儒学创始人孔子就成文化领域的"圣人"，随后的各个朝代均封孔子为"王"，最著名的要数宋朝时期把孔子封为"文宣王"，所以祭祀孔子的庙宇也叫作了"文宣王庙"，简称"文庙"。由于皇帝常常亲自参加祭孔典礼，所以"祭孔"礼仪就变成了最高等级的国家礼仪之一，祭祀孔子的建筑——文庙，在古代也就和皇家建筑无异。由此来看，文庙作为学宫的附属建筑，其等级比学宫还高，因此，文庙的轴线自然就不能成为次轴线了。

  除学宫之外，其他的建筑主轴线和次轴线一定要主次分明，主轴线上的建筑往往体量是最高大的，建筑式样也是最宏伟的；次轴线上的建筑则要比主轴线上的建筑低一个等级，体量和式样均要次于位于主轴线上的建筑，这种现象体现尤为突出的是在政治性建筑与宗教建筑。如坛庙、寺观、衙署、宫殿等，这类建筑涉及到了人和神的等级差别，关系更不容混淆，也不会随着人的主观愿望而改变。如湖南长沙的开福寺，20世纪90年代扩建时新增了观音阁，当时把观音阁建在了以山门、大雄宝殿等构成的主轴线以东，和主轴线形成了并列之势，是一条次轴线。不过应甲方的要求,观音阁设计时将其设计成体量高大的建筑,导致最后的建筑占地面积与高度都比核心建筑要高大,有一种喧宾夺主的感觉,一方面打破了古代建筑的规律,另一方面也扭曲了佛界的等级位次。所以这是一个不合适的建筑构造,这种情况在以后做古建筑设计时要加倍注意。

图 4-11 "左庙右学"(北京孔庙和国子监)

三、南北方建筑的不同布局

在中国古建筑中,庭院组合是最重要特征之一,然而中国古代建筑中的庭院并不完全一致。各个地方不同,所建造的庭院特征也各不相同,这种特征的不同最重要的体现是北方的庭院和南方的天井。

（一）北方庭院

在北方，最传统的住宅方式是庭院，庭院中最传统的住宅是四合院，它被看作是中国传统的北方民居中最具典型代表的建筑。的确如此，它的组合方式和其他的传统建筑类型如寺庙、宫殿等的组合方式相同。在北方，四合院的基本构成单元是四栋独立的建筑，它们围合而成一个院落，建筑和建筑之间有院墙或廊子做连接，之后再由多个院落作为基本单元，这样又会组合成院落群体。在一个单元中，如果是建筑之间拉开的距离较大，就能够形成相对宽阔的庭院。庭院中间可以安放一些供人活动的设施，如种些花树，种株葡萄做棚架，摆放一些石桌石凳（图4-12）。

图 4-12　北京四合院（局部）

（二）南方天井

一般意义上来讲，南方的"天井"也叫四合院，原因是它也由四面建筑围成一座庭院，但是与北方四合院相比来看，二者实际上也有着很大的区别,这种区别甚至是本质上的。北方的四合院是独立的建筑相互之间用走廊连接起来的,而南方的天井四边的建筑不是独立的,它们是互相连接的,两个屋顶之间是相接的,檐口之间也是相接的。人站在屋檐下向天上看,仿佛是四方形的井口,因此叫"天井"。天井周围的建筑是要互相连接的,所以建筑物间的距离相对较小,也就不能组成北方那样大型的四合院庭院。"天井"四周的屋顶相互连接,使其又会形成一个"斗"字形,四面的屋顶排水时要流向中间(图 4-13),因此,天井集中排水的地方就是田径中间的地面,由此来看天井的中间就不能提供给人活动的场所了(图 4-14)。在南方的地方民俗中也把这种流水方式叫作"聚宝盆"或"四水归堂"。

图 4-13　天井的屋顶(湖南张谷英村)

图 4-14　天井院的内部（双峰香花村）

　　北方庭院和南方天井最本质的区别在于中间能否为人的活动提供场所，实际上这一区别是由地理环境、气候条件的差异造成的。北方的气候属于干燥少雨、寒冷类型的，所以民居建筑在建造时就要流出空间尽可能多地争取光热，而防晒防雨的措施就会考虑较少。南方属于炎热气候，湿热多雨，民居建筑设计时要多考虑防晒、防雨功能。天井的较小设计只供通风采光即可。与此同时，天井对于南方强烈的光照和多发的暴雨有良好的防御功能。

　　对于天井的建设特点，需要特别说明的是，天井适应了南方的气候条件，在防雨防晒方面有明显的优势。特别是夏季，人在天井之中会感觉十分凉爽。一些两层天井还具备一种"抽风"的功能，让内外部的空气进行交换。但天井的面积比较小，所以天井中的采光状况并不是太好，建筑体的内部光线昏暗，这是不可否认、需要改进的地方。

第四章 中国古建筑的布局造型艺术

四、街道商铺住宅的布局

传统民居通常是指纯居住性的、独立的民居,但是也有一种建筑十分特别,它们就是城镇商铺住宅。这一类建筑在数量上居于多数,且有典型的代表性。我们去传统的城镇街道中走走看看就会发现,街道的两旁鳞次栉比地排列着的就是传统的商铺,实际上这些传统的商铺和他们的住宅之间是相连的,即所谓的商铺住宅。在古城镇中,很多居民的生活来源是依靠沿街开店、做生意来获得,于是就自然而然地形成了特殊的商铺住宅形式——呈长方形平面排列在街道两旁,短边临街,向纵深方向发展。店面在前面临街处,住宅和仓储都布置在后面;有的是把下层做店面和仓储,把上层布置成住宅(图 4-15)。

图 4-15　传统城镇街道商铺住宅(湖南一中村乡圩场)

城镇街道商铺住宅有其共同的特点:

首先,临街不宽。小商铺仅仅有一开间,稍微大点的也不会超过两开间,如果是占据了三开间的话那就算很大了街道商铺住宅了。由于每家主要的生活来源是依靠沿街开店,所以每家都会占据临街的一些面积,后面布局的是主体建筑,主体建筑向纵深发展。通常情况下不会有一家占据临街面，另一家在后面的状况出现。对于各家所占临街面的面积，由财力决定。

其次，这种建筑通常做成一、二层，也有部分做成了三层，一般情况下是临街房屋做成店面，后面的房屋布置成仓储和供房主人自家居住，即所谓的"前店后宅"。有的是把整一层做成店面和仓储，在房子的上面装修成住房，即所谓"下店上宅"。

最后，店铺后面的住宅以房间和小庭院相间隔纵向发展，侧面有一条纵向分布的通廊贯通前后（图 4-16）。

图 4-16　街道商铺住宅内的窄小庭院

因为这种住宅横方向上比较窄，在房子的两旁也没有建造厢房，所以只建造了庭院与前后房，最终形成了这种独具一格的住宅形式。

五、独特的帝王陵墓布局

作为中国古代建筑的一个重要组成部分，我国古代的帝王陵墓也体现了建造师们高超的艺术水平。

古代帝王的陵墓包括两个主要部分,一是地上建筑,一是地下陵墓建筑。地下建筑主要的作用是埋葬帝王的遗体、遗物和随葬品等,大多是仿照帝王生前的生活状态建造的;地面建筑的主要作用是举办祭祀和官兵护陵活动。

(一)地下宫殿的布局

古代帝王的陵墓又叫"玄宫"或"地宫"。从先秦时期到秦汉时期的这段时间里,由于奴隶制王权的建立,帝王陵玄宫兴起了以"黄肠题凑"的形式与别的墓葬相区别。"黄肠"是建造墓穴内部时使用的木材全部是剥掉树皮的柏木枋,表面颜色为淡黄色;"题凑"是指墓穴内部的垒筑所使用的木材都是向心状,因此把这种椁室叫作"黄肠题凑"。椁室的全部构造是一个扁平的大套箱,在箱子的内部分成数个空格,叫作"厢","厢"的正中间放置棺木,这种构造其实是庭院式布局的象征。

从东汉至清代的这两千多年间,因为发现木椁容易受到腐蚀,也容易被盗墓贼焚毁,所以人们开始使用砖石代替柏木枋进行地下墓室的建筑。墓穴中所使用的砖、石上面刻有画像(图4-17)。墓室中也包括前室和后室或建造了东西偏房等,以此表示墓主生前的居住场所。

图 4-17　乾隆地宫雕刻

到了明清时期,地下玄宫的建筑规模更是豪华宏大,地宫的建造多仿照生前的环境,按照皇家院落"前朝后寝"的格局来布局,墓室内的顶部铺设琉璃瓦。地面铺设"金砖",再使用砖石砌成前殿、中殿、后殿,殿与殿之间有门相隔(图 4-18),地下玄宫内更是伴有大量的壁画与其他的陪葬品,简直就是一座缩小版的地下皇宫。

图 4-18　乾隆地宫门与门相隔

(二)地上建筑的布局

为彰显帝王权威的万古长青和后世帝王的尊礼重孝思想,古代的帝王陵墓也建造了备受关注的地上建筑,不管是建造的**陵体结构**,还是用作进行祭祀的寝庙,都尽可能地追求高大威风、宏伟显赫的造型风格。总体来看,陵墓的地上建筑部分主要**构成是封土**、神道、祭祀建筑区、护陵监四部分。

1. 封土

自殷末周初,墓出现了封土式的坟头。春秋战国以后的时期,坟头上的封土堆变得愈来愈大,尤其是帝王陵寝则更加的高

第四章　中国古建筑的布局造型艺术

大。由此形成了封土形制,所谓的封土形制开始就是指帝王墓穴的上方堆土成丘的形状,最终达到一定规模的制度。帝王陵墓封土形制从周代兴起以来,历经了"覆斗方上"式、"依山为陵"式和"宝城宝顶"式的演化。

"覆斗方上"是在地宫上方用黄土堆成逐渐收缩的方形夯土台,形状像倒扣的斗,形成下大上小的正方形台体。由于是上部看似一个方形的平顶,仿佛是锥体把顶部截去了,因此称为方上。这种封土形制一直延用到隋时期。秦始皇陵就是这种造型的主要代表,陵冢形体最大(图4-19)。

图4-19　陕西秦始皇陵的一部分(兵马俑)

"因山为陵"是把墓室修于山体之中,将整座山体用作陵墓的陵冢,一是能体现出帝王气魄浩大,二是能够防止盗墓。唐朝的多座帝王陵都是延这种形式,如乾陵(图4-20)、昭陵等。"因山为陵"的制度,始于汉文帝死后的霸陵。东晋时期的诸位帝王也多沿用"因山为陵"的制度。

图 4-20　陕西乾陵

"宝城宝顶"的方式是指在地宫的上方砌成圆形或椭圆形的围墙,内部用黄土填充再夯实,将顶部制成穹的样式。我们把圆形的围墙叫作"宝城",把高出城墙的那部分穹隆样式的圆顶叫作"宝顶"。位于宝城的前面,布置了一个向前突出来的方形城台,台上建造了方形的明楼,叫作"方城明楼"(图 4-21)。明清时期大多使用"宝城宝顶"的造型形式建造陵墓(图 4-22)。

图 4-21　遵化清东陵的裕陵明楼

图 4-22 河北遵化清东陵

2. 神道

所谓的神道就是在陵墓之前假造一条宽广的大道,在神道的两侧放置各种石刻神兽等,以此表达墓主人生前的威武,陵前的石人又叫作翁仲(图 4-23)。翁仲造型中文人执笔武将执剑,恭敬地立在神道两侧,表示警卫或者侍从等。

图 4-23 陕西乾陵神道两侧的翁仲

除石人像外,在神道的两侧还布置了很多的石像生,最为常见的石像生大致有马、骆驼、大象、狮子、辟邪等几类(图 4-24)。

图 4-24　北京十三陵神道旁的石像生

3. 祭祀建筑区

祭祀建筑区主要的组成部分是祭殿、朝房、陵寝大门、东西配殿。

（1）祭殿又称献殿、寝殿、享殿，是陵墓地上建筑部分的主体建筑。每年清明、中元、冬至、岁末、忌辰都是大的祭日，都要有皇帝亲自祭拜，或因事不亲自来而派出王公大臣代为祭祀（图4-25）。

图 4-25　河北易县清西陵地上建筑群

(2)朝房陵寝大门外的东西方向各有五间朝房,东面的是茶膳房,是在举行祭祀之前专门存放茶水、蔬果的地方;西面是饽饽房,是在举行祭祀之前专门加工点心的地方。

(3)陵寝大门分为中、东、西三个门。中门又叫神门,是专门为棺椁通行设立的;东门也叫君门,是专门为帝后等人进出而设立的;西门又称作臣门,只能够让侍卫大臣们出入。皇帝谒陵时,为表孝心,要在陵寝大门前下舆,而皇太后则可以乘舆到祭殿的左阶旁边再下车。

(4)位于陵寝大门内有东、西两个配殿。东配殿用于祭祀前拟写祝版、准备祝帛的场所。祝版上写着祝文,主祭者都要在每次祭祀时候诵读祝文。祝帛就是丝织品,它们的颜色也有一定的讲究,要黑、白、赤、青、黄五色,白色无字者叫素帛。西配殿的主要作用是为超度死者亡灵举办佛事活动的场所。

4. 护陵监

专门管理保护陵园的机构叫作护陵监。中国古代的帝王把保卫祖宗的陵墓看作十分重要的事情。其原因一是相信祖宗仍然在保佑着江山社稷,二是感谢祖宗的恩德。所以,一般担任护陵监一职的多是有威望的亲王大臣。

第二节　古建筑的造型手段

中国古建筑的造型有其独特的艺术魅力,对造型的设计也表明了古代工匠的设计水平之高超,堪称世界之最。

一、古建筑造型的规律

我们把中国古建筑的造型规律简单分成两点:一是大屋顶、三段式造型;二是式样繁多的屋顶。

(一)大屋顶、三段式造型

大屋顶、三段式就是指所有的建筑物均是由屋顶、屋身和台基这三部分组成的。观察中国古代建筑的显著造型,多是曲线屋面、四角起翘的大屋顶形象,有时设计的屋顶高度比屋身的高度还高,是整个建筑的关键部分。习惯了设计现代化建筑的人,都不太喜欢中国式的大屋顶样式,有的设计者更是害怕做大屋顶设计。但是,中国式的屋顶的确是那么大,决定其高度的因素来自屋架的进深跨度和屋面坡度这两个部分。因此,在给古建筑做设计的时候,一开始是不能够确定它的正立面造型的,而是需要建筑的剖面、侧立面来配合着做决定,有时甚至需要先确定了剖面才能确定正立面和侧立面(图 4-26)。事实上如果要确定剖面,又需要先把建筑物内部的屋架确定下来,这是因为屋顶的曲线、高度、坡度是由屋架来决定的,不管是设计传统木屋架结构,还是设计现代化的钢筋混凝土屋架结构,都是如此。由此可见,在这一点上是设计古建筑和设计现代建筑的最本质的不同点,即建筑内部的结构决定外部的造型。所以设计古建筑时,建筑的内部结构和外观造型是同步进行的,而内部结构是决定因素。

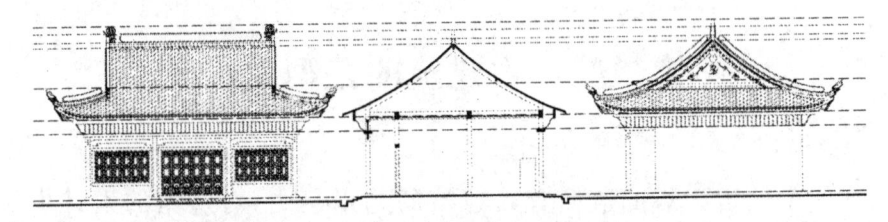

图 4-26　古建筑的造型剖面决定立面

虽然建筑立面的重要因素是屋身和屋顶,但也不能忽视台基的作用。中国古建筑设计一定要有台基,因为中国古代建筑的主要材料是木料,所以要最大限度地使木料远离地面以防止受潮。从春秋时期开始,中国古代建筑就将宫殿建筑在很高的台基上,如春秋时期楚灵王的章华台、东汉曹操的铜雀台等。随

第四章　中国古建筑的布局造型艺术

着时间的推移，台基就变成了任何一座建筑不可或缺的部分。通过观察中国的古建筑不难发现，没有台基、柱子墙壁拔地而起的建筑做法是完全没有的。

(二)式样繁多的屋顶

繁多的屋顶式样是中国古建筑造型的关键因素。我们可以把中国古代建筑的屋顶基本式样分成八种类型：庑殿、歇山、悬山、硬山、攒尖、卷棚、盔顶、盝顶等。

1. 庑殿顶

庑殿顶又称作"四阿顶"，即四坡屋顶。组成部分包括一条正脊、四条戗脊，这种造型是中国古代屋顶式样中等级最高的一种，使用于皇家寺庙和皇宫。它具有隆重、肃穆、庄严的外形。庑殿分为单檐和重檐两种，在等级上，单檐的等级要低于重檐。例如中国古建筑中现存等级最高、规模最大的故宫太和殿，就是重檐设计的庑殿顶(图4-27)。

图 4-27　北京太和殿的庑殿顶设计

2. 歇山顶

歇山顶又叫"九脊殿"。九脊,即一条正脊、四条垂脊、四条戗脊(图4-28)。单从形态上来看,歇山式屋顶的上半部分和硬山或悬山顶接近,它的下半部又和庑殿顶类似,所以它是上述几种屋顶的组合。从等级上来看,歇山的等级仅次于庑殿,由于它的造型十分优美,所以它的使用范围较广泛。歇山也分为单檐与重檐两种,著名的古建筑天安门城楼就是重檐歇山顶。

图 4-28　南京鸡鸣寺的歇山顶设计

3. 悬山顶

悬山顶在古代建筑中很常见,它实际上就是两个坡顶,屋顶的两端要悬出山墙之外。悬山式屋顶主要用于宫殿或者寺庙中相对次要的殿堂或普通的民居建筑(图4-29)。

第四章 中国古建筑的布局造型艺术

图 4-29 云南丽江民居悬山顶式设计

4. 硬山顶

硬山顶也是两坡顶,与悬山顶的不同之处在于硬山顶两端的山墙升起超过屋顶的高度,屋顶的两端只到山墙,不超出山墙外。南方不少地区的房屋密集区做的封火山墙就属于硬山的一种。现在已经成了当地民间建筑的主要特色(图 4-30),硬山式建筑主要用于宅第、庙宇、店铺、祠堂、会馆、书院等屋顶。

图 4-30 湖南双牌县坦田村的封火山墙(硬山式)

5. 攒尖顶

攒尖顶就是我们现在经常能看见的亭子上的尖顶,它主要的攒尖样式是四角攒尖、六角攒尖、八角攒尖、圆形攒尖等,常用于亭、阁类的建筑,宫殿上也有用到。在中国古建筑群体的组合中,攒尖主要起到两种作用:一是大型的攒尖顶,主要是凸显中心,如天坛祈年殿、颐和园的佛香阁等(图 4-31);小型的攒尖顶主要作用是为了点景,像中国的很多园林中的小亭子所起到的作用就是点景(图 4-32)。

图 4-31 北京颐和园佛香阁的大型攒顶设计

图 4-32 江苏吴江同里镇的小型攒顶设计

6. 卷棚顶

卷棚顶的构成是两个坡屋顶相交于顶部形成弧面,卷棚顶没正脊。因为没正脊,所以卷棚顶的主要特征是看上去比较柔和,这种造型绮丽轻快,风景建筑和园林所用较多,在一些庄重宏大的殿堂上一般很少使用。卷棚顶能和歇山、悬山搭配,以此形成常见的卷棚歇山和卷棚悬山,卷棚歇山经常用在较清丽的楼阁,卷棚悬山常常用在普通建筑或连廊等处(图4-33)。

图4-33 长沙岳麓书院屈子祠上的卷棚顶设计

7. 盔顶

盔顶与中国建筑屋面的凹曲形式不同,它是两者间的结合,造型十分华美奇异,外形酷似古时将军的头盔。因为它外形上具有的独特性,所以它常被用在著名的风景建筑和纪念性建筑上,如湖南岳阳楼(图4-34)、云阳张飞庙等。

8. 盝顶

从形象上看,盝顶是将坡屋顶和平顶之间相结合的产物,它的形态是把中央做成平顶,四周再围绕坡屋面。盝顶最主要的特点是能够扩充建筑的进深却不用增加屋顶的高度。但是，这种设计也有其自身的不足，由于盝顶是平顶设计，这种做法在古代建筑材料有限的前提下，首先遇到的就是排水问题。因此，这种设计在古建筑中也是十分少的，所以流传下来的实例也较少（图 4-35）。

图 4-34　湖南岳阳楼的盔顶设计

图 4-35　北京太庙宰牲亭的盝顶设计

除了以上八种屋顶设计之外,还有很多的地方性屋顶设计,如山陕地区独特的单坡顶、东北地区的屯顶设计、西北地区的平顶设计都很有地域色彩。

二、中国古建筑的划分及选择

中国古建筑的划分首先要明白其中的三个概念:类型、形式、式样。

类型,就是根据建筑的功能性去划分的,如宫殿、坛庙、衙署等。宗教性质的建筑(塔幢、寺观等)、民居、园林、城关、桥梁、书院、会馆、坊表、店铺、陵墓、祠堂等,这些就是根据建筑的实际使用性质去区分出的各式建筑类型。

形式,就是指建筑物的整体造型方面,这就不仅仅包括屋顶,还涉及到建筑物整体的体量、空间、高度之间的关系等,这些设计都和建筑的功能关系密切相关。中国古代建筑形式有亭、台、楼阁、轩、榭、舫、塔、殿堂、廊等。

式样,主要是指屋顶的造型,这些屋顶的主要造型就是我们前面所讲到的形式,它们分别是庑殿顶、歇山顶、悬山顶、硬山顶、攒尖顶、卷棚顶、盔顶、盝顶等,同时也要再加上地方性色彩的式样。

以上这三者之间的关系是相互交错的。例如某些宫殿、寺庙的建筑类型也包含楼阁、殿堂、廊、亭等建筑形式;园林的建筑类型也是包括了楼阁、亭、榭、廊等形式。而楼阁、殿亭、榭、堂等建筑形式也能够采取各式的屋顶式样。因此,在设计古建筑时,要知道如何选择类型、形式和式样。这对设计师的选择和知识度提出了更高的要求。

另外,还有很多十分特殊的建筑形式,如亭、轩、榭、舫等,设计者在做设计时也要准确把握它们各自的特征,设计时能够灵活运用。

（一）"亭"的选择

中国古代亭子的数目和种类都较多。根据亭子的功能去分，式样和数量都比较多的要数风景区和园林内的"景亭"。另外还有其他亭子，如供行路人休息乘凉的凉亭、布置有钟鼓的"钟亭""鼓亭"、保护水井不受破坏的井亭等。如果根据它们的平面划分，则有四边形、六边形、八边形、圆形等。还有一些形式比较特殊的亭子如扇面、套方等。

古建筑设计时考虑亭子的造型是一方面，另一方面也要选择好亭子的位置。因为设计亭子的造型取决于布置亭子的基址，亭子周围的环境要和亭子的造型相搭配。由此来看，如何选择一个合适的亭子安放位置，对建筑群来说十分重要，尤其是在规划园林空间时更显重要性（图4-36）。

图4-36 沧浪亭

（二）"榭"的选择

"榭"多出现在园林的水边，它的建造风格是通过架立的平台把建筑看作两半，一半悬挑于水上，一半立于岸上。跨水的那一部分是石梁石柱结构，挑出水面的那部分是为了获得开阔的视野，以便于欣赏园内风景。另一方面来看，把一半建筑悬于水上，这本身就是一道风景，更增加了园林景观的趣味（图4-37）。

第四章　中国古建筑的布局造型艺术

图 4-37　无锡寄畅园先月榭

(三)"轩"的选择

"轩"的建筑形式也很特殊,它的主要特点是建筑的一面没有门窗和墙壁,全部为开敞的状态。这样的建筑形式经常用于园林建造中,主要供游人游览、休息、饮茶、观景等。因此,轩常常建在景色十分优美且观景位置最佳处(图 4-38)。

图 4-38　扬州个园宜雨轩

(四)"舫"的选择

"舫"是一种比较特殊的古代建筑形式,由于它的外部造型酷似一条船,所以也把它叫作船形屋。它的位置也是在园林中的水边。建筑材料是用石材修建一个基座,伸入水中,做成船形。之后在船身上修建一座小型廊屋,以便于游人休息。古时候凡是有条件的私家园林,都会修建一座舫(图4-39)。皇家园林中更是把这种造型进一步发展,最具代表性的要数北京颐和园中的大型石质建筑——画舫斋。

图 4-39 江苏同里退思园中的舫

屋顶式样的选择也是很重要的,在前面我们已经做了介绍,但是对于屋顶的设计还有很多要注意的事项:第一要注意古建筑设计时的等级划分,第二是要注意古建筑的风格,第三是要注意古建筑的主次地位。

在等级森严的封建社会处处都要注意等级划分,所以,做中国的建筑设计是要明确体现等级位次的。设计一定要懂得建筑等级和屋顶式样的关系。如庑殿顶代表的是最高等级,仅供皇家建筑使用;歇山顶等级上紧次于庑殿顶,所以建筑的使用范围相对于庑殿顶要广泛些,可用于稍微重要些的建筑。

三、古建筑的造型比例与尺度

古建筑的比例和尺度决定建筑的立面造型是否美观。

所谓尺度,就是包含了建筑的整体和单体的规模,建筑和建筑之间的庭院空间尺度等内容;所谓比例,是指建筑物的各部分的比例,如建筑物高与宽的比例、柱高与开间的比例、柱子的高度和它的直径间的比例、屋顶各个部分之间的比例等等。只有这种比例协调才能营造出完美的建筑。

(一)按照人的比例建造

建筑学理论中有一句名言:建筑的尺度就是人的尺度。古建筑设计也一样,尤其是建筑的布局、功能等设计,如楼梯的长度、宽度、高度等,门窗高度、宽度等。

一个人的身体正常宽度大概在 60cm 左右,所以建筑设计时要留足两个人迎面走过不会碰撞,所以,这样设计时宽度要不少于 120cm。楼梯、走廊、园林小路等的设计也是一样,都要充分考虑实际情况。观察古代建筑会发现,不管宫殿还是民居,大都是供少数人使用,所以建筑的设计仅供一两人走过,楼梯也会做得很窄,很陡。而在现在游客成群的参观游览情况下,这种古代又窄又陡的楼梯显然不能满足需求,同时也是不安全的(图 4-40),所以在修复或改造古建筑时必须顾及这个问题。

图 4-40 古建筑中的小楼梯

再来看古建筑中的门窗尺度。中国古建筑的门多使用隔扇门，隔扇门的做法和现在的门洞不同，它是在一整个开间上连续布置4～6扇门，每扇门都是较窄较细长的，也较高（图4-41），但每扇门的宽度也大于60cm的宽度。

图4-41 湖南湘潭关圣殿的隔门比例

(二)按照力与美的结合

在外观上要做到外形的比例协调，但是中国古代建筑设计时还要考虑建筑材料的粗细程度和比例关系。梁、枋等横向的构件尤其是要注意考虑的。一般情况下，横梁的粗细是跨度的1/12～1/8，按经验取中间值是1/10。这看来仅仅是结构受力和选用材料的小问题，其实它涉及建筑屋顶坡度的问题和造型的问题。抬梁式结构的横梁一层一层地叠加起来，当建造平缓屋顶的时候，粗而大的横梁需要层层叠加起来，最终房屋的中间会有很少的空间。穿斗结构要靠挑枋，挑枋挑出不要太远，这时挑枋的粗细程度是不能够按照1/10的比例计算的，因为这样虽满足了受力情况，但不满足人的审美需求（图4-42）。

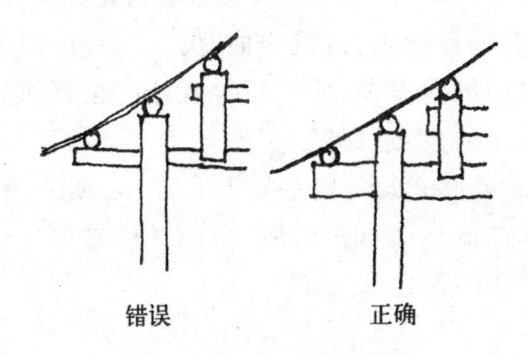

图 4-42　穿斗式屋架的挑枋

四、宫殿式造型

中国古建筑大多是群体组合的形式,把中心建筑作为主体,如皇宫大殿、寺庙主殿。在功能上,"殿"和"堂"是一样的,只是在规模大小上不同,一般来看,大规模建筑群的中心建筑称为"××殿",相反,规模较小的建筑群中心建筑就被称为"××堂"。

(一)殿的造型手段

从中国古建筑所采用的式样来看,一般情况下"殿"的造型要采用歇山,乃至于庑殿这种级别高的建筑式样。对于"殿"来说,不仅要用高等级的屋顶式样,大规模建筑群有时还需要使用重檐,规模稍微小的古建筑可使用单檐造型。那么"堂"的建筑类型通常使用独具地域色彩的硬山、悬山类式样,这种情况大多与民居类似。当然,一些小型寺庙的"大雄宝殿"也使用硬山式屋顶进行造型。

(二)殿堂与楼阁间的关系

在建筑群设计时,殿堂和楼阁之间的关系是一个需要注意的问题。一般情况来看，建筑群的关键建筑是殿堂而非楼阁，无论是祠堂书院，还是寺庙、宫殿均如此。一般情况下，建筑群如果沿着中轴线向纵深发展，它的组合规律主题建筑——殿堂的占地面积是最大的，不过高度上并不会一定最高。如果布局了楼阁建筑，那么楼阁建筑一定是处于后面。由此可看出，中轴线发展的轮廓是前低后高，前（门屋）小，中（殿堂）大，后（楼阁）高（图 4-43）。

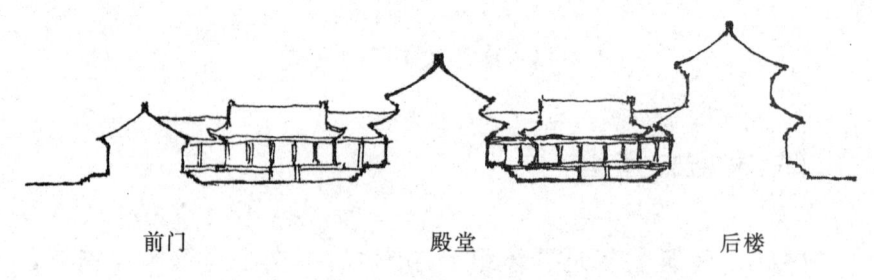

前门　　　　　殿堂　　　　　后楼

图 4-43　前门、殿堂、后楼剖面关系示意图

（三）殿堂设计的屋顶问题

殿堂建筑设计时，屋顶大小是需要注意的另一个问题。从中国传统建筑可以看出，中国传统建筑的屋顶一般是坡屋顶，屋顶的高矮程度、大小尺度由建筑的进深和屋顶坡度来决定，他们之间是呈现正比例关系的，进深大屋顶就高，坡度大屋顶也会高。屋顶坡度涉及造型，但是进深就会涉及功能问题。殿堂有时需要稍大的面积去发挥使用功能，但是建筑的面阔受限的话，那就只好向纵深发展，使殿堂接近于一个正方形的平面，或者进深多于面阔，就会呈现出纵向的长方形造型。

如果殿堂接近一个正方形的话，这时屋顶式样就需要单独考虑了。一个规则的正方形平面，它的屋顶式样优先考虑的是攒尖顶，不是规则的正方形平面反而是其不易处理的样式。处理不得当的话，整体上也不会好看（图 4-44）。

第四章　中国古建筑的布局造型艺术

图 4-44　接近正方形的庑殿顶（山西广胜上寺毗卢殿）

当殿堂具有了太大的进深，太高的屋顶，和屋身之间的比例不太好看时，这时就要对屋顶进行特殊设计。中国的先人们发明了一种"勾连搭"的办法，意思是一个屋顶和另一个屋顶搭连的做法。

五、楼阁建筑造型手段

楼阁，在中国古建筑中是一种比较常用的形式，楼阁的流行始于宋代，这是因为宋代商业经济得到发展，城市得到迅速发展，人口密集，于是在城市里大量发展了楼阁。于此同时，寺庙也逐渐流行把藏经阁设计成楼阁的形式。因此，宋代楼阁建筑就扮演了中国楼阁建筑中的典型。

围栏走廊是楼阁造型最独特、最重要的因素，外廊的存在与否以及外廊的式样决定了楼阁的外观。中国古代楼阁建筑的造型归纳起来有四种类型，分别是挑台式、柱廊式、外窗式、干栏式。

挑台式，就是楼阁外挑出一圈平台，既能够做围栏，也能供游人走到建筑外欣赏景色（图 4-45），这种建筑在我国宋代比较常见。

图 4-45　河北蓟县独乐寺观音阁

　　楼阁式是根据它的围廊的做法来说的，主要分为两种：做腰檐平座和不做腰檐平座，其中不做腰檐平座又分成露栏杆和不露栏杆。所以，楼阁围栏走廊的做法实际上可以划分成三种，这三种做法对楼阁的外观造型具有直接的影响。柱廊式，它是属于不做腰檐平座，主要是借助楼阁外檐的柱做廊柱，上面一层的走廊也不要求出挑，同时把走廊直接做在里面。只不过要把上层的地面依然做在下层屋顶上（图 4-46）。

图 4-46　上海文庙魁星楼的柱廊式外观

外窗式,首先是要求不做腰檐平座,其次是也可以不做外围走廊。而是直接用下层屋顶当成是上层走廊的围栏,这其实就等同于一堵矮墙。因此,这种设计就成了下层的屋顶和上层屋檐间仅剩下一个窗户的空间,再安上窗扇就成为一个封闭的楼阁就如前面所到的岳阳楼,就是这种设计的典型代表。这种做法的好处是节省了大量的木材,并且在高度上也节省了。

除了这些之外,还有一中民间最普遍的建造形式。那就是干栏式,民间俗称是"吊脚楼"。这种建筑一般是上层住人,下层放杂物和牲畜。现在,干栏式建筑仍然大量存在于川贵等地、云南、广西及湖南的湘西也普遍存在,它很好的适应了当地的气候(图4-47)。

图4-47 干栏式楼阁

六、塔形建筑的造型手段

塔的造型来源于外来宗教建筑,它是外来文化传入和中国文化结合的产物。中国劳动人民创造了这种符合中国审美的中国式的宗教建筑。总的来说,中国的塔分为五个类型:楼阁式、密檐式、单层塔、喇嘛塔、金刚宝座塔。塔的结构形式影响它的外部造型。

通常情况下,楼阁式造型的塔是能够供人登上塔内进行远眺的。而其他几种塔一般是不能登上去的,因为它们多是实心。

密檐式塔的造型特点主要表现在层层屋檐紧密相叠，因此才被称作"密檐式"。密檐式的塔造型上通常分成三段，上半部分的层层密檐和塔刹属于塔顶；中段部分的塔身通常是由壁柱和墙壁共同构成；密檐塔的造型主体在于塔的上部，屋檐常常是叠加多达十几层，而且有的层层逐步向上收拢。

单层塔也是分成了三段式的造型——塔顶、塔身、塔基。但是，单层塔的造型上仅有一层屋檐，造型也是多种变化，这是它造型上和密檐塔的不同之处。研究中国古塔五种类型不难看出，单层塔在造型上是最具有多变色彩的。这种造型的塔身与密檐塔塔身的功能是相同的，是为了做壁柱或墙壁，在它们的墙上都用作神龛的摆放。单层塔的内部构造多属实心，不能够供人上去游览，只在数量很少、规模很大的造型塔内有一个极小的空间，但是这种空间也不足以让人在其中活动，它的主要作用只能供奉佛像。

金刚宝座塔与喇嘛塔都属于"喇嘛教"的宗教性质的建筑，是与汉文化相结合形成的藏式风格和造型的建筑。喇嘛塔的主要形状是宝瓶状，塔的上部做有华盖，塔的下部做成的是须弥座，颜色上也是刷成白色，因此民间称之为"白塔"。这类塔形建筑保存比较完整的是北京妙应寺白塔（图 4-48）、北海公园的白塔等。

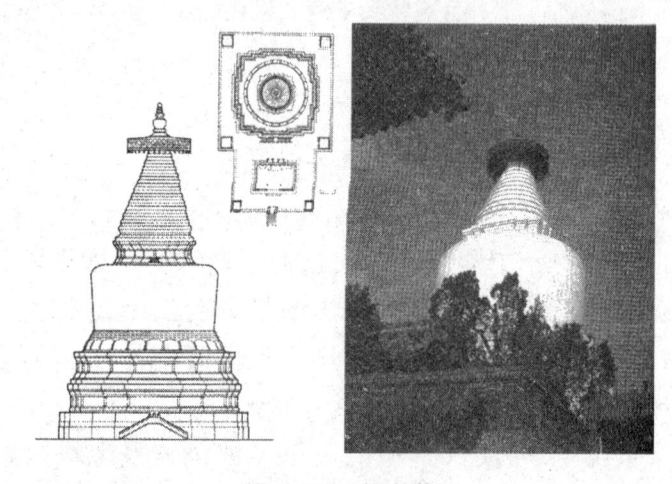

图 4-48　喇嘛塔

第四章 中国古建筑的布局造型艺术

七、牌坊的造型手段

在中国古代,还有一种造型比较特殊的建筑——牌坊,其功能大致可以分成两种:一种牌坊是标志性建筑,另一种是表彰纪念性建筑,主要是为表彰纪念某人而设立的。

古代的标志性建筑和我们现在的含义是不一样的,它是指某处或者某个重要建筑的标志。如在某宫殿、寺庙等地方前面很远处立一座牌坊,意思是为了让行人知道人自己快要到何地了,进入这里要注意自己的言行举止了。

表彰纪念性牌坊,即旌表牌坊。在古代社会中为了表达对功臣、"乐善好施"者等群体的表彰,特意设立一座牌坊。牌坊中数量最多的当属于贞节牌坊,以此表彰贞烈妇女。

用于制作牌坊的材质在结构上有两种,一种是石牌坊,一种是木牌坊。标志性牌坊多是使用木材质,放置在路口,用于标志某个重要场所,如北京的国子监街。旌表牌坊多是由石料做的牌坊,这也符合纪念性牌坊的永久性特点。

牌坊又称为牌楼,这种称呼来自于它的造型。牌坊的上部有一个类似于小屋顶的结构叫作"楼"。所以,严格意义上来看的话我们可以把有屋顶的称作"牌楼",没屋顶称作"牌坊"。在现实中我们也没有这样严格的区分了,统称为牌坊了(图4-49)。由于牌坊屋顶叫"楼",所以牌坊也叫"楼"了,分为"四柱三楼""四柱五楼""六柱五楼""六柱十一楼"。

牌坊属于无实际用处的建筑,但是它的建造也要追求美观,排放的开间比例和尺度就显得很重要了。古代的牌坊三开间的有明开间和次开间。明间所要求的宽度和高度比例接近1∶1,否则造型就很不美观了。

图 4-49　山西大同华严寺的四柱三楼牌坊

八、古建筑的视线问题

(一)总体布局

中国建筑的特色是建筑的群体组合,所以,对建筑物的平面布局设计时要分析视线问题,就是分析游人在建筑群中某一位置时能够观察到的效果。庭院是中国建筑的基本单元,人站在庭院里基本要求是能够看到四周的建筑,包括连廊、厢房等。某些情况下建筑之间并不是完全相连的,会有一些圆洞门设计等。这时,要做到设计时能让人的视线穿过这些洞门看到庭院其他地方的景观。在园林的设计时这种设计更是常常看到,通过这种诱人的手法引导游人继续游览。

(二)立体造型

在设计古建筑的立面造型时,有一个十分关键的因素不可忽视——视线分析,这个因素对建筑的外观效果具有直接的影响。人们在游览时看到的建筑大都是以近大远小的方式进行透视的,只能正视在一个点上。

由于上述原因,我们在做古建筑设计时,观看建筑的视觉效果必须要从透视的角度。古建筑的坡屋顶是设计师要特别注意的一个因素,它的视觉效果和人所处的位置有直接的关系,人仰视的角度和立面图上平视时所看到的效果是完全不同的。因此,还一定要考虑人站在地面时的实际效果。

为达到上述目标,我们一般采用以下三种方法做设计:一是要加大建筑物群体间的距离,让游览者能够退到远处观看;二是适度地降低建筑的高度;三是加大屋顶的坡度,让屋顶更加突出,使游人能看到屋顶的全貌。

九、独特的地域性造型

地域性造型是中国古建筑的重要特色,地方不同,对建筑的式样和做法也不同。这种差异不仅仅体现在南北方,有时是同一个省份的做法也会不同。地域性特点主要体现在屋顶、山墙和其他的一些细部上。

(一)屋顶的造型

屋顶造型,展现不同的地域性色彩,是我国古代造型中极其重要的元素之一。南北方的屋顶造型区别在于,北方的屋角起翘比较平缓,拥有敦实、厚重的造型,南方的屋角起翘相对要高挑,拥有纤薄、轻巧的造型。除了这些南北的差异外,在地方上还有很多自身独特的做法。如东南沿海及台湾的闽南式建筑,屋顶做"生起"。

(二)山墙的造型

山墙,是指分布于一栋房屋两边的墙体,当山墙设计成高于屋面时,这种式样就叫作"硬山"。硬山式设计的最基本需求是防火,中国古建筑的木结构极其容易引起火灾,所以防火就变成了需要优先考虑的重要问题。然而,古代的消防设施又很简陋,所以只要房屋着火了,基本上就没救了。于是,就出现了这种硬山式建筑,即便着火了也只是烧到山墙就被阻挡住了,人们也把这种山墙称为"封火山墙"。

(三)鸱吻的造型

鸱吻,其主要作用是装饰中国古建筑,位于古建筑的屋脊两端,这是带有信仰色彩的装饰物,虽然有相同的信仰内容,可是外表和做法在地域方面的差别却很大(图4-50)。例如,北京故宫殿上的鸱吻中,有较小的鱼尾卷曲形态,制作剑把的材料是琉璃;湖南则设计成较大的鱼尾卷曲形态,剑把常常是真正的宝剑形态,材料是铁,斜插在后面。所以在做古建筑设计时候要格外注意这种细节,要按照不同的地方进行不同的设计。否则就会千篇一律,没了地域文化色彩。

北方鸱吻造型 　　　　　　南方鸱吻造型

图4-50　南北双方鸱吻对比图

(四)翘角的造型

翘角,它是中国古建筑中重要的造型特点,但是全国各地古建筑翘角的设计差别很大。北方的设计是戗脊上安置仙人走兽,在数量上也会分出等级,这些兽首的底下设计成螭首的形

第四章 中国古建筑的布局造型艺术

象。江浙地区是采取叠瓦的手法,层层出挑,最上面一层用一个瓦当或类似于瓦当的形象。除此之外的湖南是采取鳌鱼设计,还有福建闽南地区的建筑,也会有不同式样的翘角设计,形象逼真,造型华丽,且极具夸张效果(图4-51)。

图 4-51 闽南地区的建筑翘角(台北孔庙)

第五章 仿古建筑的建造要点

仿古建筑的建造要充分做好两方面的工作，一方面要做好设计工作，另一方面要在施工上加以把握。设计是在图纸上呈现建筑样貌的阶段，施工则是具体的实际建造。二者紧密结合，不可分离，只有对这两者进行协调的统筹规划，才能较好地完成仿古建筑的任务。本章内容将从这两个方面展开论述。

第一节 仿古建筑的设计要点

一、仿古建筑的工程设计图

仿古建筑设计图是采用一定比例尺进行绘制的工程图，分为建筑设计图和结构设计图两大部分。

（一）建筑设计图的内容

建筑设计图包括平面布置图、正立面图、背立面图、侧立面图、建筑细部图、建筑设计说明六大部分。

(1)平面布置图：表示房屋平面开间间数，面阔和进深尺寸，台明边框线。

(2)正立面图：表示房屋正面的屋顶形式、围护结构形式；台明、檐口、屋顶标高。

(3)背立面图:表示房屋背面的屋顶形式、围护结构形式;台明、檐口、屋顶标高。

(4)侧立面图:表示房屋山面的屋顶形式、围护结构形式;台明、檐口、屋顶标高。

(5)建筑细部图:屋脊细部构造、台阶栏杆构造、门窗构造等。

(6)建筑设计说明:交代本工程图纸中使用的设计标准、度量单位;砖砌体、木构件、屋面瓦作等所用的材料品质、型号、规格;抹灰、油漆、彩画要求等。

(二)结构设计图的内容

结构设计图包括木构架横剖面图、台明基础剖面图、结构细部图、结构设计说明等。

(1)木构架横剖面图:标示横排架的柱梁枋檩结构组合及尺寸。

(2)台明基础剖面图:标示台明拦土墙、磉礅的结构及尺寸。

(3)结构细部图:标示檐口(斗栱或砖檐)结构及尺寸、山面结构及尺寸、需要交代的细部结构。

(4)结构设计说明:交代本工程图纸中使用的度量单位、木构件材质、某些构件的特点和说明等。

二、确定面阔与进深

面阔和进深是决定房屋规模的基本数据,面阔和进深确定后,即可依此绘出房屋平面及其柱网布置图。确定房屋的面阔和进深的注意要点为:

(1)庑殿建筑的平面间数,应根据房屋使用功能和排架方案进行确定,最少3间,最多11间。

(2)确定仿古建筑面阔和进深尺寸,是以心间(明间)尺度为主体,次梢间应依次递减。

(3)仿古建筑的面阔,一般遵循"建筑物以所代表的历史时代与功能需要相结合"的原则进行确定。如宋以前的建筑,除特殊情况外,一般面阔不超过 18 尺(但辽代有所增加)。清制带斗栱建筑以斗栱攒数而定,除特殊情况外,一般最多为 7 攒 77 斗口宽(重檐可达 7 攒 84 斗口),不带斗栱大式建筑不超过 13 尺,小式建筑不超过 10.5 尺。

(4)面阔尺寸的取定,按整数或 0.5 的小数取定,如 18 尺、17 尺,或 17.5 尺等,一般不取 18.2 尺、17.8 尺等小数。

(5)房屋进深大小,依屋架梁的长短考虑,宋制殿堂一般为四至八椽栿,厅堂为三至五椽栿。清制一般为三至七架梁,最大不超过七架梁,超过者另增加步梁。凡进深超过最大梁长者,均应另行加柱增间。

(6)宋制进深由椽平长及所选椽栿而定,如四椽栿的进深为四椽平长,六椽栿的进深为六椽平长,如此类推,选定椽平长后即可确定进深尺寸。清制建筑的进深与面阔,可按一定的比例控制,大式建筑进深为 1.6~2 倍面阔(带斗栱建筑进深较大,无斗栱建筑进深较小),小式建筑进深为 1.1~1.2 倍面阔。

当面阔、进深、间数确定后,就可初步用比例尺绘出其平面轮廓,以作为进一步设计的基础,如图 5-1 所示。

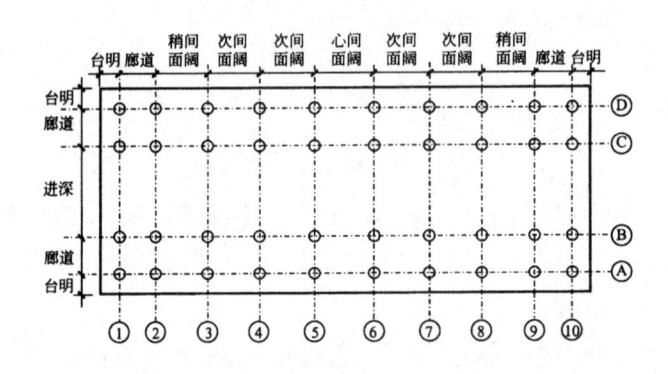

图 5-1 平面图初步方案

当平面初步方案确定后,就可以根据室内使用功能需要,拟定围护结构、柱顶石、台阶等平面布置,如图 5-2 所示。

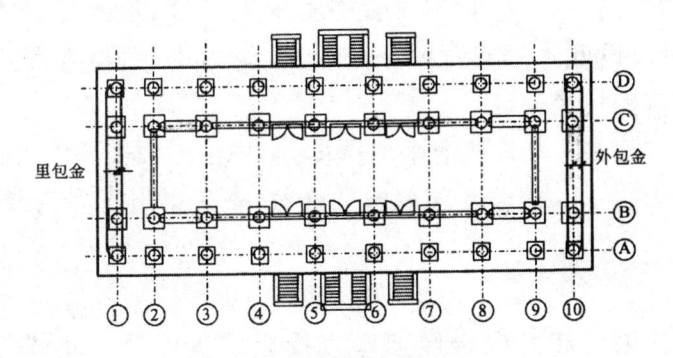

图 5-2 平面布置方案图

三、绘制庑殿正面屋顶图

正面屋顶图是房屋建筑工程正立面图的重要表现图。它是在选定横排架简图的基础上所进行的工作。绘制该图,必须先找出屋顶正面图的基线,并确定出垂脊脊底线。

(一)找出屋顶正面图的基线

绘制屋顶正面图需要首先找出两根水平基线,即屋脊底线和飞椽檐口线。

1. 屋脊底线

屋脊底线是指屋面正脊最下层的一根水平线,此线确定后,就可根据脊身构造画出正脊线和当沟线,因此,我们可以取定当沟上皮线为屋脊底线。该线位置可以按下述近似方法确定。

首先通过木构架找出脊檩上皮的标高,然后按下式得出脊底线标高:

脊底线标高＝脊檩标高＋扶脊木径＋0.35m＋当沟高

式中:

脊檩标高——根据步距、举架(或总举高)、檐柱高和檩径值计算确定;

扶脊木径——扶脊木是脊檩上栽置脊桩、稳固脊身的基础木(宋没有设此木),其直径,有斗栱建筑为 4 斗口,无斗栱建筑为 0.8 倍檐柱径;

0.35m——苫背扎肩平均厚度,也可按屋面实际设计取定;

当沟高——依筒瓦所确定的样数,查表得出正当沟高。

2. 飞椽檐口线

飞椽檐口线是确定屋顶垂直投影的基底线。此线分两部分,一是正身部分飞椽水平线,二是翼角部分上翘曲线。

正身部分飞椽水平线,按下式计算:

飞椽檐口标高＝脊檩标高－总举高－上檐出垂直投影高

式中:

总举高——脊檩上皮至檐檩上皮的距离;

上檐出垂直投影高——即以上檐出距离为底线,檐檩上皮为顶点的三角形垂直边长,可近似按三五举计算。

(二)确定垂脊脊底线

垂脊脊底线是垂脊的基础线,它是一根曲线,只要将此线位置确定后,就可在其上面绘制垂脊的脊身线。该线的定位有两项,一是曲线的画法,二是垂脊与正脊的交点位置。

1. 垂脊与正脊交点位置的确定

首先根据平面柱网图和山面剖面图的设计意图,找出山面檐柱和正脊端点金柱的中线距离,该距离为推山前的步距之和,称它为"推前总步距"。以此距离画出两根垂直线,其中,金柱垂直线与正脊脊底标高水平线相交得一交点,从该交点量一推山后步距差值(即推前总步距与推后总步距之差),画金柱垂线的平行线,并延长正脊底标线与垂线相交,如图 5-3 所示,则该交点即为垂脊曲线的顶点位置。其中:

第五章 仿古建筑的建造要点

$$推山后步距差值 = \sum x - \sum x_i + 0.35m$$

式中 $\sum x$——推山前步距之和，按正身部分檐檩至脊檩的步距计算；

$\sum x_i$——推山后步距之和；

0.35m——苫背扎肩平均值。

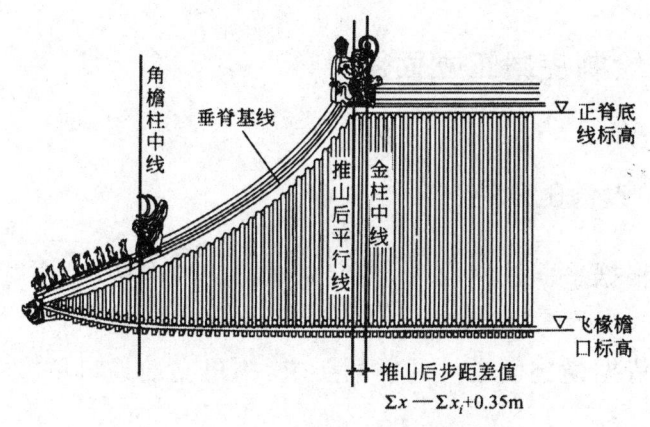

图 5-3 求垂脊与正脊交点

2. 垂脊曲线的画法

垂脊曲线可采用木构架中计算山面的推山曲线，依选定的比例尺画出推山后的曲线，以此作为垂脊基线，如图 5-4 所示，将此线描绘在透明纸上或采用其他方法，以便复制。

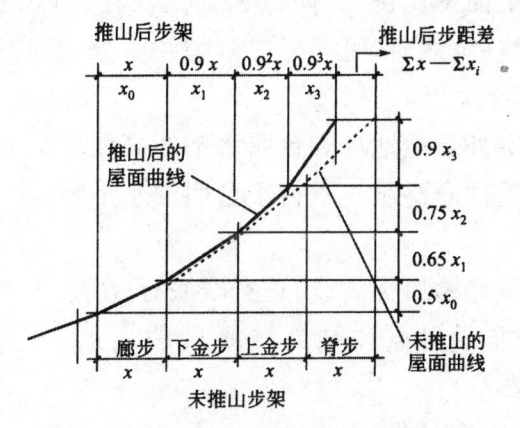

图 5-4 推山曲线

复制时,使曲线的顶点与所找出的垂、正脊交点相重合,即可定出垂脊曲线的基线位置。该基线的下端点与翼角起翘曲线的端点依势圆滑连接,该基线的弯曲度也可按垂脊构件的大小,适当修饰成圆滑曲线,然后在此基线上绘制垂脊投影线、垂兽、小兽等。

四、绘制庑殿正立面图

(一)设计的依据

(1)根据平面柱网设计,确定立面图的通面阔、台明宽、两山间距。

(2)依据横剖面设计的空间要求,构思立面檐口单檐或重檐形式。

(3)按建筑规模等级大小,确定斗栱和屋面瓦作的规格。

(4)根据对该建筑的装饰要求,选择前檐门窗、隔扇、槛墙等形式。

(二)设计步骤和要点

(1)根据平面图比例、开间数和面阔尺寸,画出各檐柱的中轴线。在画檐柱轴线时,可不考虑侧脚和收分,侧脚和收分另用文字加以说明。

(2)画出室外自然地坪和台明水平标高线。

(3)根据檐柱净高画一平行于台明的水平线,作为檐柱的标高线。

(4)画出飞椽檐口标高线、正脊脊底标高线。

(5)找出推山起点和推山计算后的顶点,并绘制出推算曲线。

通过以上内容,即可得出图 5-5 所示的基本线。

第五章 仿古建筑的建造要点

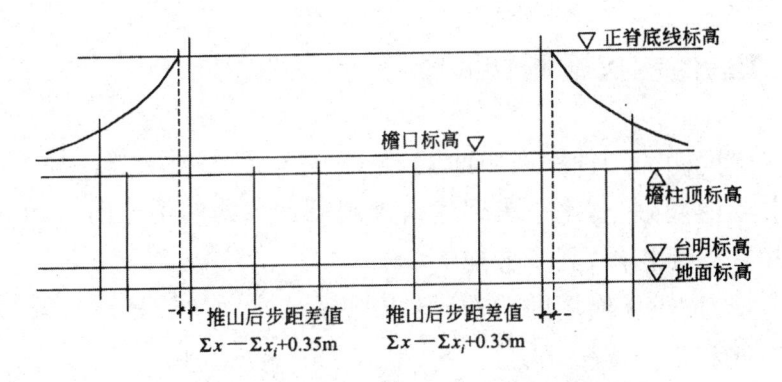

图 5-5　绘制柱轴线、标高线和推山曲线

（6）按翼角冲出和起翘方法，勾画出翼角起翘曲线。

（7）再由柱径尺寸，依柱轴线绘制各立柱图形。

（8）在檐柱顶标高线上，依檐额枋尺寸，绘制额枋、平板枋等横线图。

（9）根据选定的瓦作样数，绘制正脊线、垂脊线、吻兽轮廓、瓦垄线等。

（10）最后修饰和配备屋面当沟线、檐口飞椽、斗栱轮廓等，并根据装饰要求绘制门窗隔扇、槛墙和室外配件等的轮廓线（对其中所需详图，另按各有关专项内容的介绍，另行单独绘制），如图 5-6 所示。

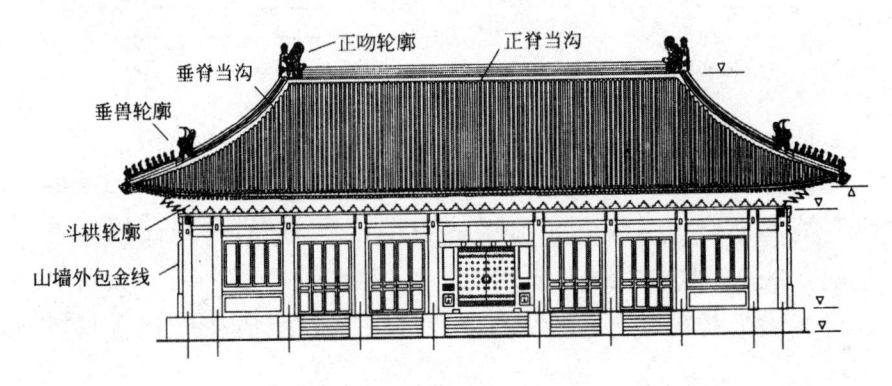

图 5-6　庑殿正面设计图

五、绘制庑殿侧立面图

庑殿侧面图即庑殿山面图,它是在平面柱网图、排架简图和正立面图基础上,用来表现建筑外观侧面形式的构造图,它的画法与正立面相同,其步骤如下。

(1)按正立面图的构造,画出地标线、台明线、柱顶标高线、檐口线和正脊底标线。

(2)根据平面柱网,画出进深方向正脊中线和两边角檐柱垂直中线。

(3)将正脊推山曲线复制过来,将推山曲线的顶点作为正吻或正脊厚度线与正脊底标线的交点。

根据以上所述内容,绘制出的基本轮廓如图 5-7(a)所示。

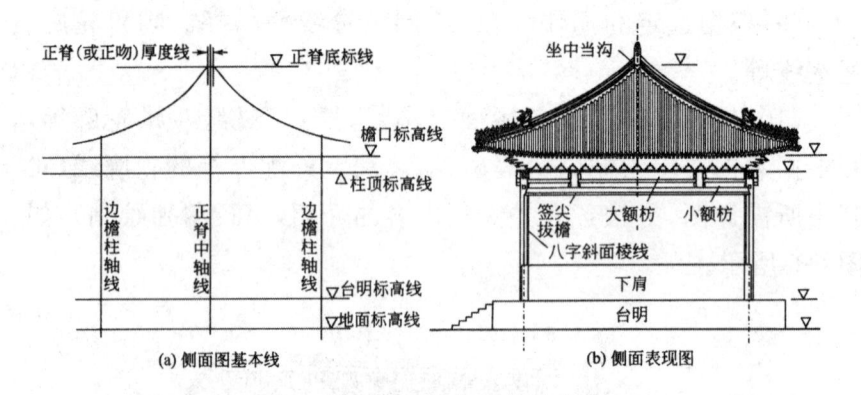

图 5-7 庑殿侧面图

(4)如果山面砌砖墙,应按檐柱标高的 1/3 绘制山墙的下肩水平线和山墙边垂线。靠前檐的边垂线有两根,一是砖墙边八字起点线(与檐柱中线重叠),二是按里包金作八字斜面的棱线。如果后檐为砖砌墙者,靠后檐边的墙边垂直线应按外包金尺寸画线。

(5)以柱顶标高线为准,绘制柱顶额枋线、山柱外露线、签尖拔檐线等。

(6)山面屋顶先画出正脊坐中当沟。以坐中当沟垂直线为准,绘制山面各条瓦垄平行线。

(7)最后绘制沟头、滴水、飞椽、斗栱轮廓线和室外配套设施,如图5-7(b)所示。

六、绘制歇山正立面图

要绘制歇山建筑的正立面图,首先要找出它的几条基准线,然后在此基础上,按各构件形式和尺寸,绘出整体图形。这些基准线总的分为横向水平线线、垂直基准线、垂脊中心线和戗脊基线。

(一)横向水平线

横向水平线有台明标高线、檐柱柱顶标高线、飞椽檐口标高线、下金檩标高线、正脊底线等。其中,台明标高线、檐柱柱顶标高线、飞椽檐口标高线和正脊底线的寻找方法,同庑殿建筑正立面画法一样。现着重叙述下金檩标高线。

在歇山建筑中,下金檩标高线起着很重要的作用,它是确定歇山建筑中垂直山花板与山面斜坡屋面的分界线。山花板的底线可依踏脚木的高低而定,而踏脚木的两端是与下金檩相接的,因此,在绘制正立面图时,可近似将下金檩上皮作为垂脊与戗脊底的交界点;绘制侧立面图时,可近似将下金檩上皮作为博脊脊底参考线。因为正立面图和侧立面图只是一种外观形式表现图,对于屋面上各构配件的位置,并不要求很精准的尺寸,只要按其规格绘制在允许范围内即可,故可选择下金檩标高线作为绘制歇山屋面的基准线。

下金檩标高=檐檩标高+檐步举高

檐檩标高(无斗栱)=檐柱标高+檐口抱头梁或正身架梁高-半檩径

檐檩标高(有斗栱)=檐柱标高+斗栱高+半檩径

以上横向基准线如图 5-8 中所示。

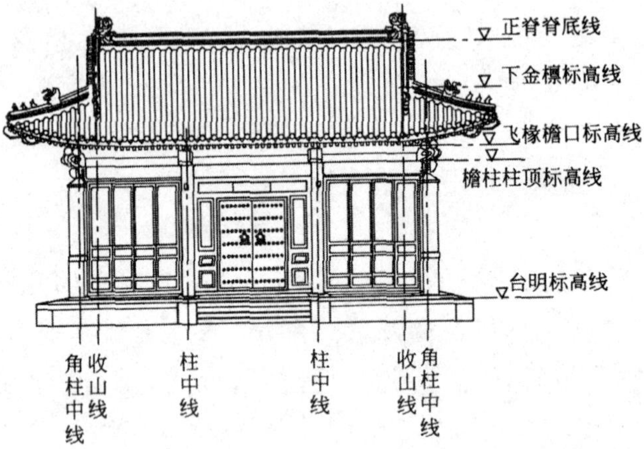

图 5-8 正立面图的基准线

(二)垂直基准线

垂直基准线有檐柱中线、角柱中线、收山后的山花板外皮线(简称收山线),如图 5-8 所示。其中檐柱和角柱中线可根据平面图设计确定。

(三)垂脊中心线的确定

歇山屋面正立面图的垂脊,是一条垂直的屋脊线,只要确定该脊身的中心线后,就可根据垂脊筒的宽厚尺寸,绘制出垂脊的投影线图。

垂脊中心线是条垂直线,它可以收山线为依据,向里量进约半个垂脊宽而定。垂脊上端以正脊底线向上画出垂脊高,图5-9(b)所示。

垂脊长短以垂兽位置而定,垂兽一般控制在檐檩至下金檩范围,远者搁置在檐檩(无斗栱建筑)或挑檐桁(有斗栱建筑)上方,近者安置在下金檩上方。垂脊中线见图 5-9(a)垂脊剖面所示。

(a) 垂脊剖面

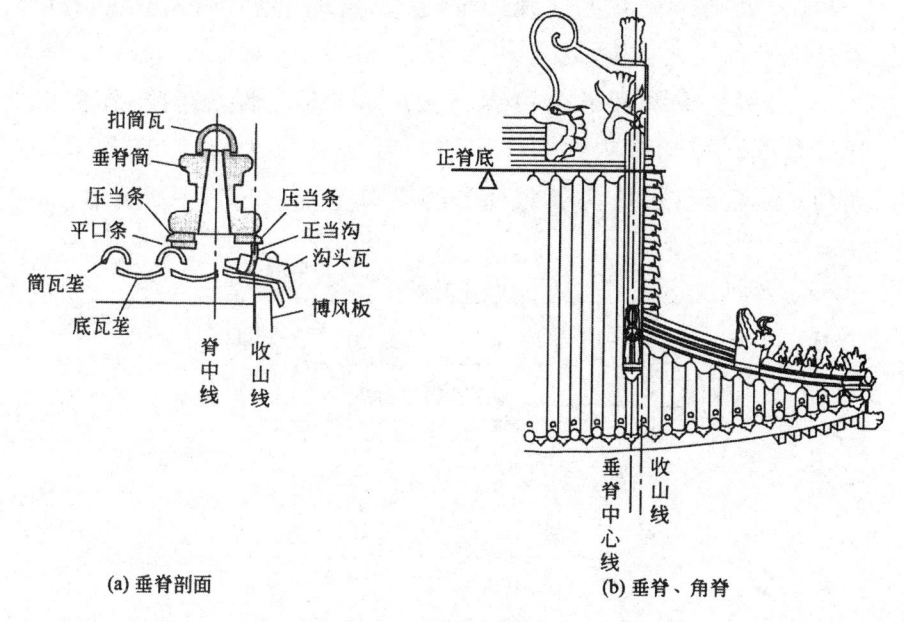

(b) 垂脊、角脊

图 5-9 歇山垂脊和角脊

(四)戗脊基线的确定

戗脊是正对角梁上的屋脊,它的上端点与垂脊相交,下端点为角梁尽端。戗兽位置大致在檐檩搭交点附近,具体依仙人走兽安排而定,然后依照戗脊构造和戗脊构件尺寸大小,可绘制出戗脊轮廓线图,如图 5-9 所示。

(五)歇山正立面图的绘制要点

(1)根据平面图的比例、开间数和面阔尺寸,画出各檐柱、角柱的中轴线。

(2)画出室外自然地坪和台明的水平标高线。

(3)根据檐柱净高,画平行台明的水平线,作为檐柱的标高线。

(4)画出飞椽檐口标高线、下金檩标高线、正脊脊底线。

(5)平行角柱中线画出收山线,并依此线画出垂脊线。

(6)以飞椽檐口上皮线为准,按翼角的起翘与冲出,定出角梁外端点。

(7)将垂脊线和下金檩线之交点,与角梁端点连接,作为戗脊的基线。以角柱中线与飞椽檐口线的交点为起点,向角梁端点画一圆滑斜线,作为翼角部分的檐口基线,如图 5-10 所示。

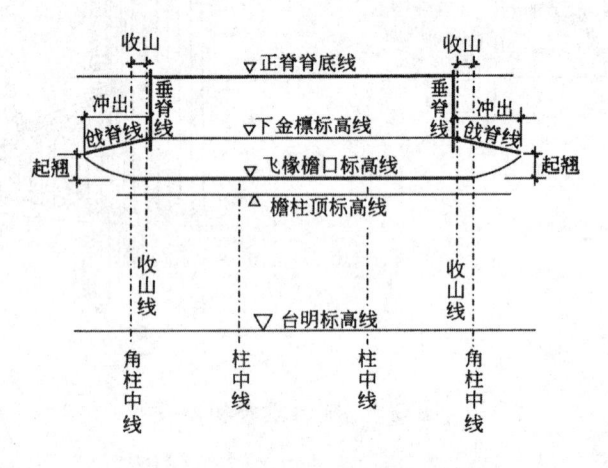

图 5-10　歇山正立面图的基线

(8)画出屋面瓦垄和屋脊轮廓图。

(9)根据檐柱、檐枋的设计尺寸要求,绘制梁头和柱枋的外轮廓图。对带斗栱建筑,只需用斗栱轮廓线表示。

(10)门窗、檐墙、台明等,根据设计意图进行轮廓布置。

七、绘制歇山侧立面图

歇山侧面图同正立面图一样,在绘制侧面图时,必须首先找出它的纵横基准线。纵向基准线包括山面位置上的柱中线和正脊中心线。这都可从平面图上求得。横向基准线同正立面图横向基线一样,即包括台明标高、檐柱标高、飞椽檐口标高、下金檩标高和正脊脊底线。除上述基准线外,还有垂脊基线和戗脊基线。

垂脊基线在正立面图中是一条垂直线,而在侧面图中,它既

第五章　仿古建筑的建造要点

可做成凹曲线,也可做成斜折线,依屋面设计意图而定。

画博脊时可近似取下金檩标高线,作为博脊的下皮线。

戗脊基线按正立面图方法作出。

按以上所述,绘制尖山式屋顶的侧面,如图5-11(a)所示。

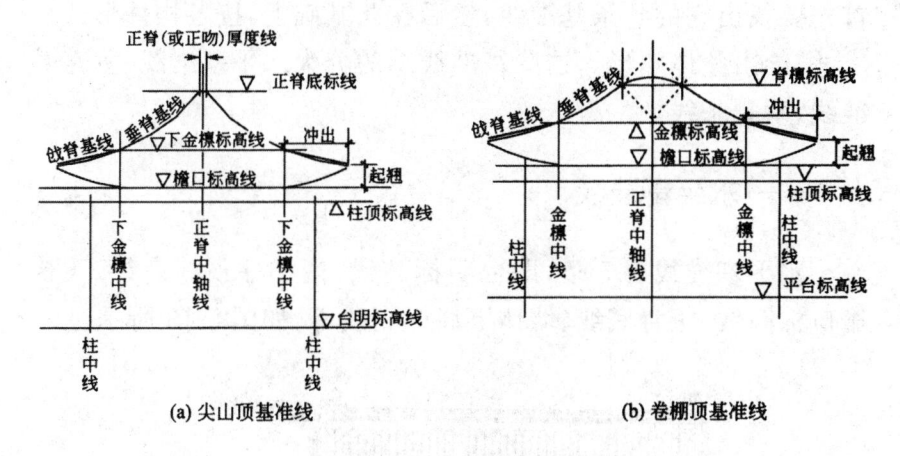

(a) 尖山顶基准线　　(b) 卷棚顶基准线

图 5-11　尖山式屋顶的侧面

当绘制卷棚式屋顶[图 5-11(b)]时,可近似以脊檩中线与"垂脊基线"交点为依据,作"垂脊基线"的垂线与"正脊中心线"相交,得出弧线圆心和半径画弧。

基准线确定后,即可按前面所述的构造和构件尺寸,绘制出各轮廓线图,最后对各细部进行描绘,画出图5-12所示的侧面。

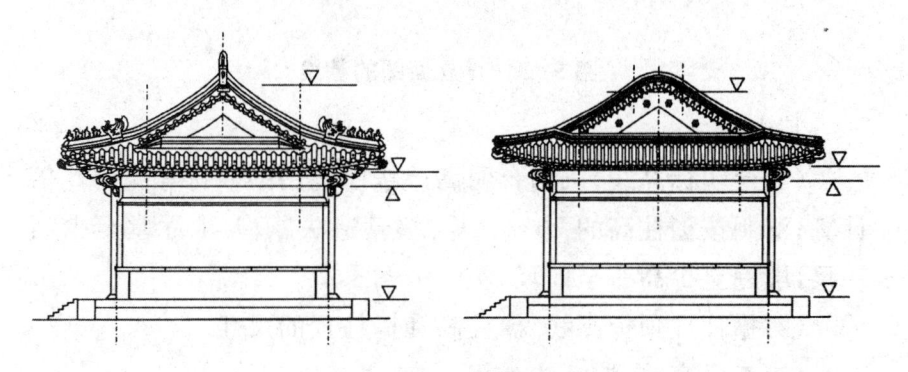

图 5-12　歇山侧面表现图

八、绘制硬、悬山正立面图

绘制硬山和悬山建筑正立面图时,与绘制庑殿和歇山一样,首先要找出它的几条基准线,然后在此基础上,按各构件形式和尺寸,绘出整体图形。这些基准线总的分为水平基准线、垂直基准线、垂脊基线。

(一)水平基准线

水平基准线有 5 条,即台明标高线、檐柱柱顶标高线、飞椽檐口标高线、正脊底线、墙体下肩标高线等,如图 5-13 所示。

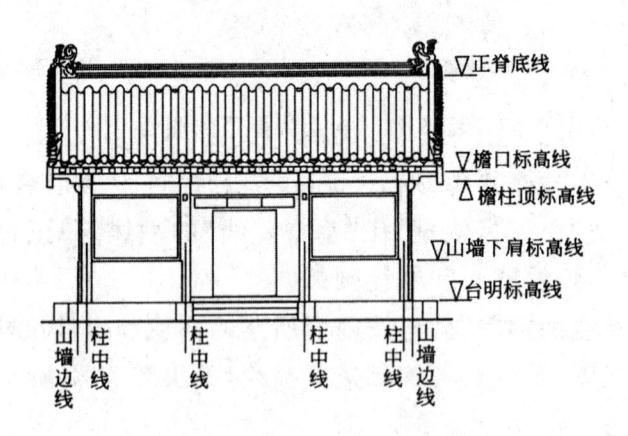

图 5-13 正立面图的基线

其中:

(1)台明标高线,宋制台明高差按所选用的取材等级的 5 倍计算;清制按檐柱高的 20%计算。《营造法原》要求厅堂至少高一尺,殿庭至少高三至四尺。

(2)檐柱柱顶标高线,檐柱高和檐柱径的尺寸。

(3)正脊底线,按下法计算:

正脊底线标高=脊檩标高+扶脊木径+0.35m+当沟高

式中:

脊檩标高——根据步距、举架、檐柱高和檩径值计算确定；

扶脊木径——扶脊木是脊檩上栽置脊桩、稳固脊身的基础木（宋没有设此木），其直径为 0.8 倍檐柱径；

0.35m——苫背扎肩平均厚度，也可按屋面实际设计取定；

当沟高——依筒瓦所确定的样数，不用筒瓦者不计。

(4)飞椽檐口标高线，按下法计算：

飞椽檐口标高＝脊檩标高－总举高－上檐出垂直投影高

(5)墙体下肩标高线，按檐柱高的1/3计算。

(二)垂直基准线

垂直基准线有2种，即檐柱中线和山墙边线。其中：

(1)檐柱中线，可按平面图的开间宽度确定。

(2)山墙边线以山墙下肩外包金为准，大式建筑外包金为1.5～1.8倍山柱径；小式建筑外包金为1.5倍山柱径。

(三)硬山与悬山屋面的垂脊基线

硬、悬山屋面正立面图的垂脊，是一条垂直线的屋脊，垂脊中心线位置距山面外皮距离尺寸为：

悬山建筑垂脊中心线距＝燕尾枋外伸长＋博风板厚－排山瓦长－垂脊半宽

硬山建筑垂脊中心线距＝博风板外皮－排山瓦长－垂脊半宽

其中：燕尾枋外伸长按8倍椽径。

博风板厚，宋按3～4份，清按0.8～1倍椽径。

排山瓦是指排山沟头瓦或披水砖檐伸出尺寸，按瓦件规格计算。

垂脊半宽按垂脊瓦件规格计算。

以上所述基线确定后，即可根据各个构造细部要求，绘制正立面表现图，如图5-14所示。

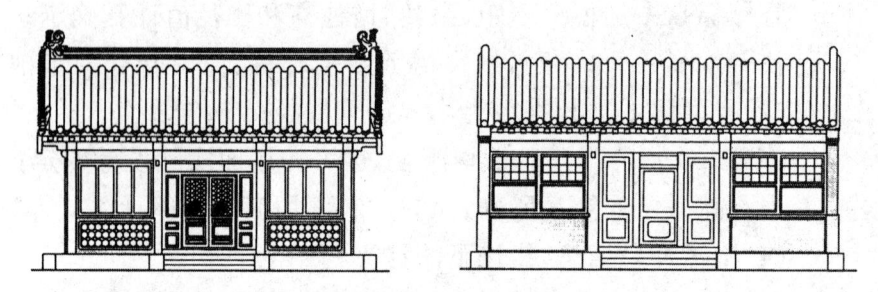

图 5-14　硬、悬山正立面表现图

九、绘制硬、悬山侧立面图

硬山与悬山侧面图的绘制，其要点如下：

(1) 首先以梁柱中心线为准，绘制出木构架简图，如图 5-15 中粗线所示，以此作为侧面的基线图。

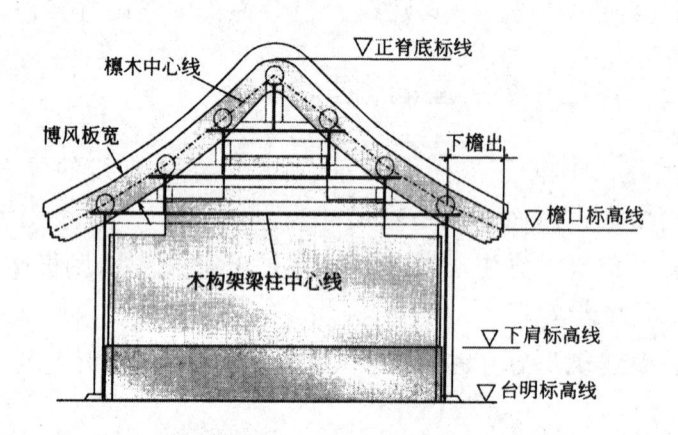

图 5-15　侧面图的绘制

(2) 按檩木直径绘制出檩木位置，并画出檩木中心线，如图 5-15 中虚线所示。

(3) 依上檐出和檐口标高线的位置，将檩木中心线延长，此线即是博风板基线。

(4) 屋面轮廓线在博风板的基础上，依大小式瓦件规格进行勾画即可，不需要十分精确。

(5)山墙的边线,硬山建筑是包柱而砌,应按外包金绘制。悬山建筑是与柱成八字连接,边线可按柱径的1/2绘制。

(6)悬山五山花墙的垂线按瓜柱中心线绘制,横线距梁底8~10mm,以露出横梁为原则,如图5-15中虚线所示。

(7)山墙砌体类别,可依具体要求加注文字说明。

十、绘制单檐亭子木构架图

单檐亭木构架图,由俯视平面图和横剖面图两部分组成。

(一)木构架俯视图的绘制

(1)按选择的形式和规格,画出柱网中心轴线平面图,如图5-16(a)所示。

(2)以各中心线为基础,按各构件的厚度尺寸,绘制出各根檐檩、井字梁或抹角梁、金檩的平面投影。其中,搭交檐、金檩的端头挑出长度,以柱中心线和檩中心线的交点,向两端各伸出1~1.5倍檩径定其长。

长短井字梁和抹角梁的轴线位置,以金檩中心线为准进行布置,并按其梁厚尺寸绘制平面投影。

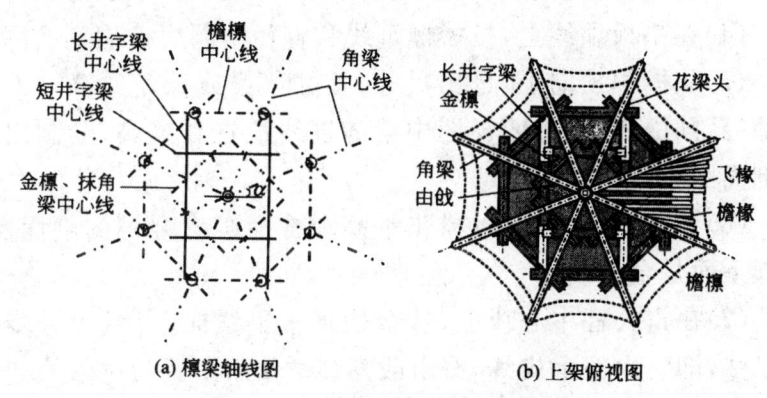

图 5-16 八角亭构架俯视图的绘制

(3)依各柱轴线画出角梁、由戗、雷公柱的水平投影。其中老仔角梁的水平投影长,要计算角柱挑出的长度(此长度＝檐平出＋冲出)。即角梁挑出水平投影长计算如下:

宋制:老角梁挑出水平长＝(檐平出＋4～5寸)÷cosα

仔角梁挑出水平长＝(0.6倍檐平出＋4～5寸)÷cosα

清制:老角梁端点至檐檩中心的水平距离＝(2/3倍檐平出＋2倍椽径)÷cosα

仔角梁端点至老角梁端点的水平距离＝(1/3倍檐平出＋1倍椽径)÷cosα

其中:cosα 为角梁水平投影的夹角余弦值,夹角 α＝(360°÷边数)÷2。

(4)椽子的轨迹线,将老仔角梁端点作弧形连接,画出飞椽和檐椽的檐口线,如图 5-16(a)中虚线所示。

(二)木构架剖面图的绘制

(1)根据柱网平面图,从各中心点引出垂直线。

(2)画一水平线作为柱脚的水平线,以此线为准,量出檐柱高,并画出柱顶平行线。

(3)从柱顶线向下量出檐枋高的尺寸;向上量出檐垫板高的尺寸,即可画出檐枋底线和檐垫板顶线,如图 5-17 所示。

(4)在垫板顶线上,按檐檩垂线和直径绘制出檐檩剖面图。

(5)从檐檩顶向上,量出尺寸"长井字梁或抹角梁高－0.37倍檩径"画横线,再按俯视图中梁的轴线位置和梁高,绘制出梁的剖面图。

(6)在金枋垂线上,以檐步举高和檩径画出金檩的剖面图;金檩下面是金枋。

(7)在雷公柱中心线上,从金檩顶水平线向上,量出脊步举高尺寸,即为由戗上皮线,按由戗高和举架斜率画出由戗线。

(8)由于在剖面图中角梁不能全面表现出来,故可采取近似画法,从金檩心向下,量出老角梁高,得一点,该点与檐檩心连接，即为角梁下皮线（近似）。然后根据角梁端头形式、花梁头形式，勾画出示意图，如图 5-15 所示。

（9）最后沿金檩、檐檩上皮，按举架斜度和椽子高度尺寸，画出椽子剖面线。

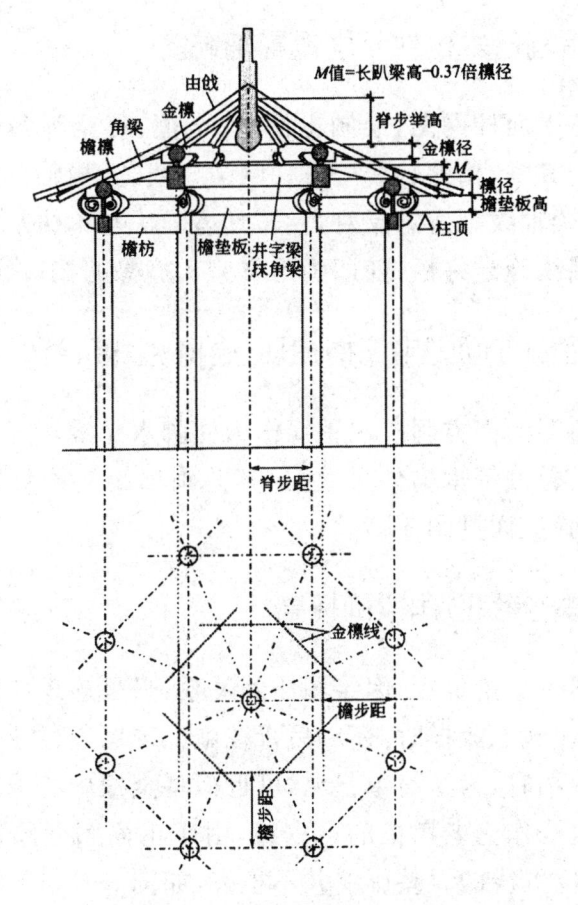

图 5-17 木构架剖面图的绘制

十一、绘制亭子正立面屋顶图

在设计中表示亭子屋面的构造图，主要有两种，一是凉亭建筑的正立面图；二是随木构架一起所表示的剖面图，现以单檐亭为例加以叙述。

亭子建筑正立面图,是表示亭子外观形式的垂直投影图,而在正立面图中的屋面部分,则是绘图工作量最大的部分,所以只要绘出了屋面部分,整个立面也就随即而出。绘制屋面正立面,离不开平面图和木构架图,绘制立面图的基本步骤如下。

(一)绘制各木构件平面投影轴线图

首先按平面柱网图,绘制出檐檩、金檩、角梁等各构件的中心轴线图。其中,檐檩轴线可按柱网中心线,金檩轴线则按步距尺寸,而角梁轴线则肯定是对角线,具体画法与单檐亭木构架相同。当各轴线确定好后,随即画出飞椽和檐椽的檐口线。

(二)绘制立面图中的檐柱顶、檐檩、金檩、脊檩等标高线

在平面图的上方画一水平线作为柱脚水平线,然后依柱高、檐檩、金檩、脊檩等木构件尺寸,计算并画出相应构件的中心水平线,具体画法详见图 5-17。

(三)找出老、仔角梁的标高

正面图中角梁位置,因绘图比例关系,只是表现角梁示意的基本位置,在施工放样时,还应另行在施工现场通过放大样来解决。故在绘图时,为了简单起见,可近似将金檩中心下半径至檐檩中心的连线作为老角梁的下皮线,由于正面图受绘制比例尺的限制,其位置线的误差影响并不很大,如图 5-18(b)所示。

当老角梁的下皮线确定后,即可在平面图中,从老角梁顶点上引垂线,上行与老角梁下皮线相交得一交点,以该点为准作水平线,即为老角梁的标高线,如图 5-18(a)上引线所示。该标高值也可从金檩心向下量减"角梁金檐标高差"计算得出,其差值计算式为:

第五章 仿古建筑的建造要点

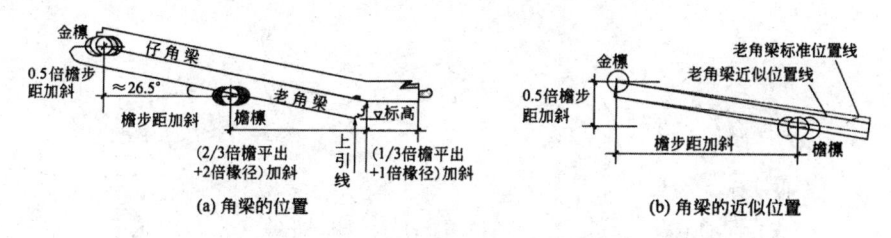

图 5-18 清制角梁的位置分析

角梁金檩标高差＝（2/3 倍檐平出＋2 倍椽径）÷cosα×tg26.5°

式中：

cosα——平面图中角梁与正面水平线夹角的余弦值；

tg26.5°——立面图中老角梁下皮与水平线夹角的正切值。

再从老角梁标高线向上加角梁高，作水平线与平面图中仔角梁垂线相交，即可得到仔角梁下皮线的标高点。

（四）找出垂脊端头的瓦作顶点位置

由仔角梁标高点向上量出（仔角梁高＋苫背厚＋脊端瓦作高）尺寸，即得垂脊端的顶点[如图 5-20(c)顶部"仔角梁标高"所示]。此点既是垂脊线的檐口点，也是垂脊端构件的控制点。其中苫背厚可取 20～35cm，垂脊端瓦作高度如下：

(1)当为琉璃建筑时：在仔角梁上皮，按筒瓦所确定样数大小，砌放构件，以七样为例，则螳螂沟头高 12.8cm、捎头高 8cm、撺头高 8cm、筒瓦高 12.8cm、仙人在垂线以上。

(2)当为黑活瓦件时：在仔角梁上皮，沟头可用琉璃瓦，高 12.8cm；圭脚用城砖砍制，高 11～13cm；瓦条用望砖、小开条砖、斧刃砖或板瓦砍制，高 4cm；盘子用方砖砍制，高 6cm 左右；筒瓦高 12.8cm，筒瓦上坐狮。

(3)当为小式建筑时：在仔角梁上皮为沟头、圭脚、瓦条、盘子、筒瓦，尺寸同上，如图 5-19 所示。

197

(a) 琉璃做法　　　(b) 小式做法

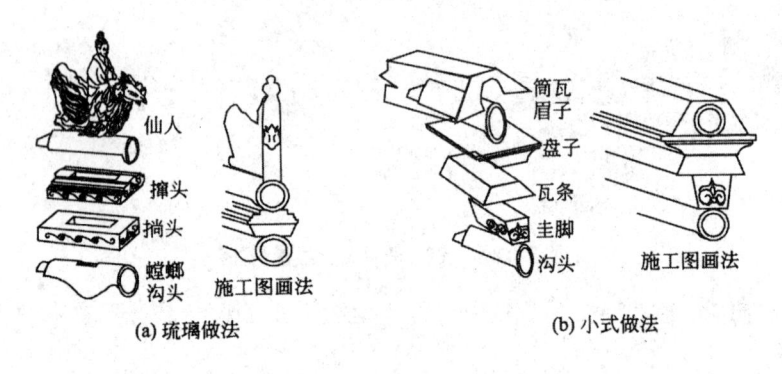

图 5-19　脊端构件画法

(五)绘制垂脊的脊顶轮廓线

对于亭子的屋顶,一般只有檐步和脊步两个步距,即:檐步举架为 0.5 举,脊步举架为 0.7 举,依此所作的脊线是三点两线,如图 5-20(a)所示,它是绘制木构架图的基本要求,但对表示屋脊曲线,却不能表达脊线的曲线美。为此,我们可以将"檐口点→檐檩点→金檩点→脊檩点"四点三线的中间,各增加一点,这样就变成七点六线,画起来接近曲线。屋面曲线的陡缓可根据设计人的构思做适当调整。

由于亭子屋面瓦作垫囊厚度一般为上薄下厚,为了表示屋脊的曲线美,可将其举架值作适当平缓的调整,由檐口点至脊檩点的举高建议采用如图 5-20(b)所示:(0.41 倍檐平出＋3 倍椽径)×$\cos\alpha$、(0.19 倍檐平出＋3 倍椽径)×$\cos\alpha$;0.19 倍檐步距×$\cos\alpha$、0.44 倍檐步距×$\cos\alpha$;0.25 倍脊步距×$\cos\alpha$、0.54 倍脊步距×$\cos\alpha$($\cos\alpha$ 为平面图中角梁轴线与中心水平线夹角的余弦值)。如果要求曲线陡峻些,还可适当增大举架。

当举架值确定后,以仔角梁标高线为准,分别将平面图中仔角梁端点、檐檩中心点、金檩中心点等,上引垂线,分别量其举高值,得点并连线,即可画出垂脊顶部的曲线,如图 5-20(c)所示。

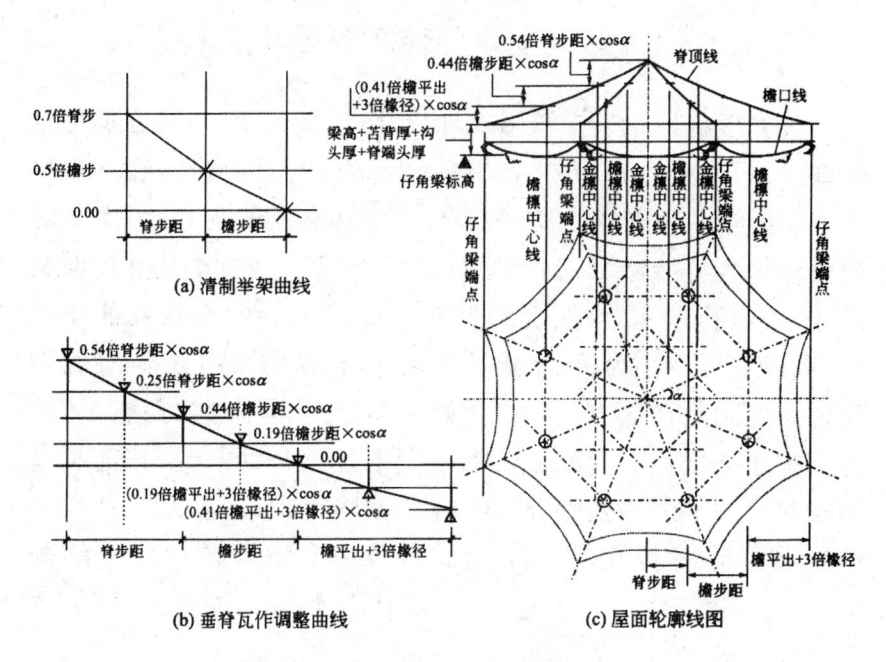

图 5-20　凉亭屋面轮廓线画法

（六）绘制立面图中屋面檐口轮廓曲线

　　檐口轮廓曲线是绘制飞椽头、沟头瓦和滴水瓦的基本依据。亭子建筑正立面图中的屋面檐口曲线有两根,一是正面正中檐口线,二是正面两边檐口线,它们都只能是表示屋面构造形式的示意线,施工放样时,应另行根据木构架中正身椽和翼角椽的檐口线来确定,因此,绘制屋面檐口线时并不要求非常精确。可将平面图中已绘制出的飞椽檐口线复制过来,按垂脊端头点位置,稍做修改作为正面正中檐口线。

　　正面正中檐口线两个端点的位置,可按仔角梁上皮角尖顶点确定,如图 5-20(c)中檐口轮廓线所示。正面两边的檐口线,则以两仔角梁尖顶为基点,用弧线板描一曲线,使该曲线最低点接近正中檐口曲线最低点,如图 5-20(c)中檐口线所示。

（七）以各轮廓线为依据，绘制屋脊屋面瓦作线

首先根据所选用宝顶形式和尺寸，绘制出宝顶；再根据垂脊轮廓曲线，按照垂脊的兽后、兽前和垂脊端头的构造，绘制垂脊的各层线条。垂脊端头构件应依平面图端点的位置，考虑一定的投影斜度进行绘制；垂脊画好后，再依檐口轮廓曲线和屋面瓦尺寸，绘制滴水瓦、沟头瓦和椽头。如果是绘制筒板瓦的正屋面，应以宝顶中心为轴，让滴水板瓦垄居中，向两边赶排，使瓦垄均匀分配到垂脊端头，这叫"排好活"，如果排不出"好活"，可适当调整几条板瓦垄的宽窄。而垂脊下的当沟线，分别按筒瓦垄和板瓦垄的宽窄，勾画成凸凹弧线，如图 5-21(a) 所示。如果是绘制小青瓦、蝴蝶瓦正屋面，应将宝顶中心轴线作为盖瓦垄，如图 5-21(b) 所示，向两边赶排出"好活"，如果不能排出好活，可调整底瓦垄宽窄。

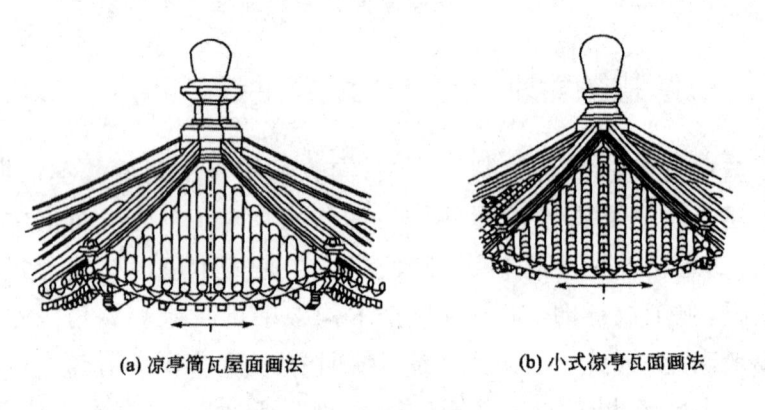

(a) 凉亭筒瓦屋面画法　　(b) 小式凉亭瓦面画法

图 5-21　屋面瓦的画法

（八）绘制凉亭的正立面图

以老角梁下皮为准画一水平线，作为檐柱的柱顶线。柱顶线之上为檐垫板，柱顶线之下为檐枋，如图 5-22 所示。

然后依垂直轴线，按檐柱径、檐柱高，绘制出柱的立面。有了檐柱立面，即可配制吊挂楣子、坐凳楣子和台明等的立面投

影。最后,勾画出脊顶、角梁头、枋头、花牙子、楣子心屉等细部。

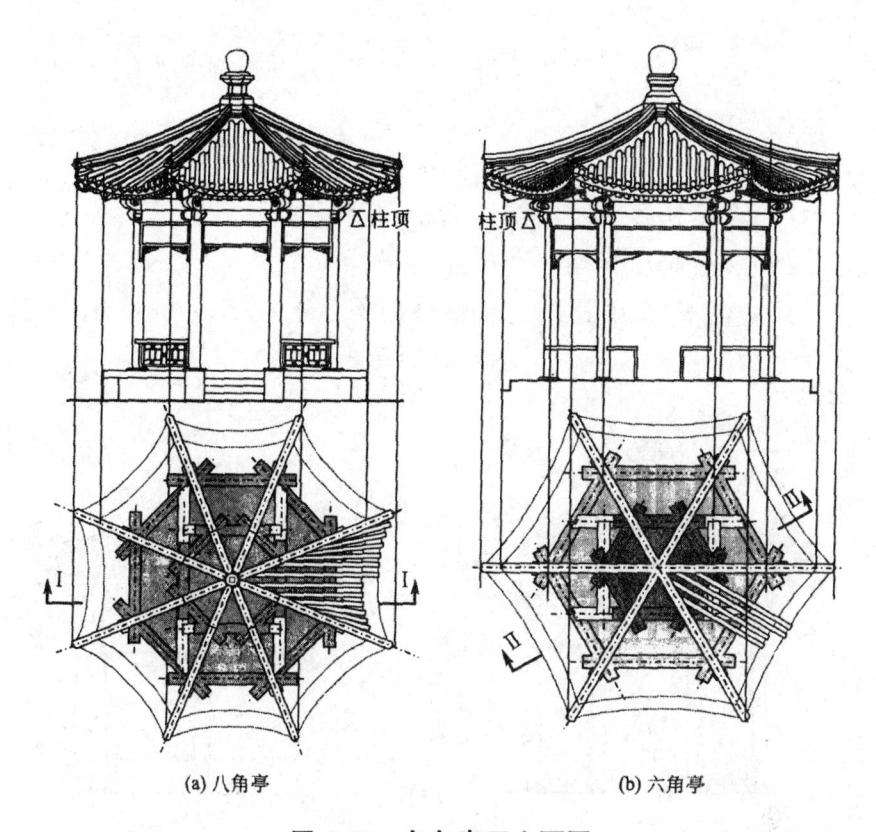

(a) 八角亭

(b) 六角亭

图 5-22　多角亭正立面图

十二、绘制亭子剖面图

凉亭建筑屋面剖面图是在木构架剖面图的基础上,加上屋面苫背厚度和瓦垄线,即为屋面的剖面线。其步骤如下:

(1)首先绘制出木构架剖面图。

(2)在木构架椽子线上,量出苫背厚度并画出瓦垄线,瓦垄线可用阶梯锯齿形粗线替代。

(3)按宝顶尺寸和形式绘制出宝顶轮廓线。

(4)对已绘出正面图中的最边端垂脊线,先找出垂脊上皮线顶与宝顶交点的位置,然后用描图纸或其他方法将垂脊线及其当沟线描出,再以找出的交点为基点,将垂脊及其当沟的描线复制过来。

(5)然后在瓦垄线和垂脊线的空当上,以当沟线为依据加上其他瓦垄的投影线,如图5-23所示。

(6)在瓦垄线与椽子线间配上抹灰图示。

(7)在檐枋线下画出倒挂楣子、花牙子。

(8)最后画出台明线和坐凳楣子。

对应图5-22中相应的八角亭剖面号Ⅰ—Ⅰ、六角亭剖面号Ⅱ—Ⅱ的屋面剖面图,如图5-23所示。

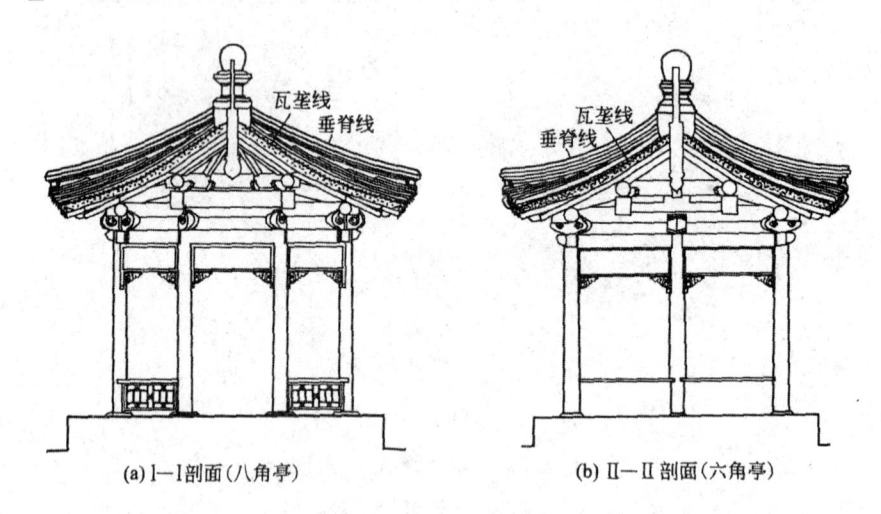

图5-23 屋面剖面图的绘制

十三、绘制石舫立面图

石舫立面图包括侧视图和后(前)视图。

(一)石舫侧视图的绘制

侧视图是指船帮两侧的垂直面投影图,该侧面图是歇山(或水榭)与游廊两者立面图的结合,因此,绘制石舫侧视图时,可分别参看前面有关章节的内容进行绘制。大致步骤如下:

(1)首先用一定比例画出平面图,然后根据平面轴线画出各柱的立面中轴线。

(2)选一适中位置,画一水平线作为舱面标高线。依此画出亭、廊、楼的檐柱净高标高线。

(3)画出后楼的各基线。

(4)画出连廊的基线。

(5)画出前亭的各基线。

(6)当以上各部分基线和轮廓线画出后,再根据各有关尺寸和构造内容,绘制正、侧立面表现图,如图 5-24 所示。

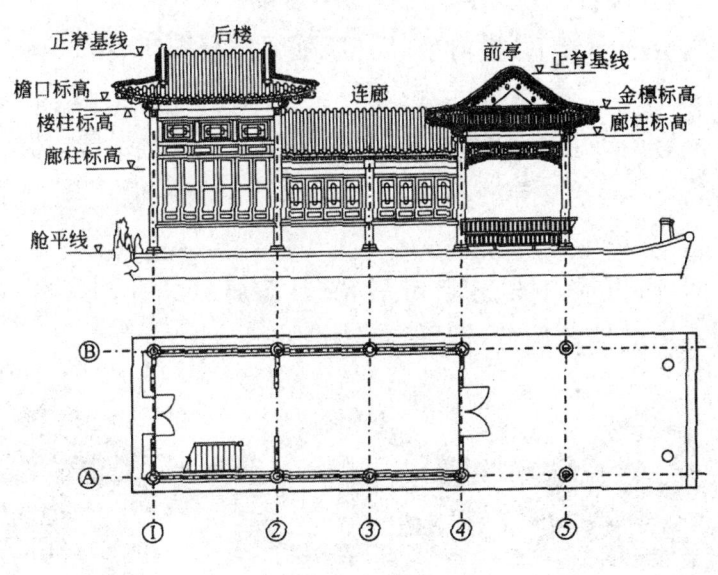

图 5-24 石舫平、立面图

(二)石舫前、后视工程图的绘制

石舫建筑的前、后立面,是指船头前视立面和船尾后视立面,即要表现前亭和后楼两个端面的立面图。

如画图 5-24 的①轴端面和⑤轴端面时,先应在一张透明纸上分别画出前亭①轴端面立面图、后楼⑤轴端面立面图和游廊③轴剖面图,如图 5-25 所示。

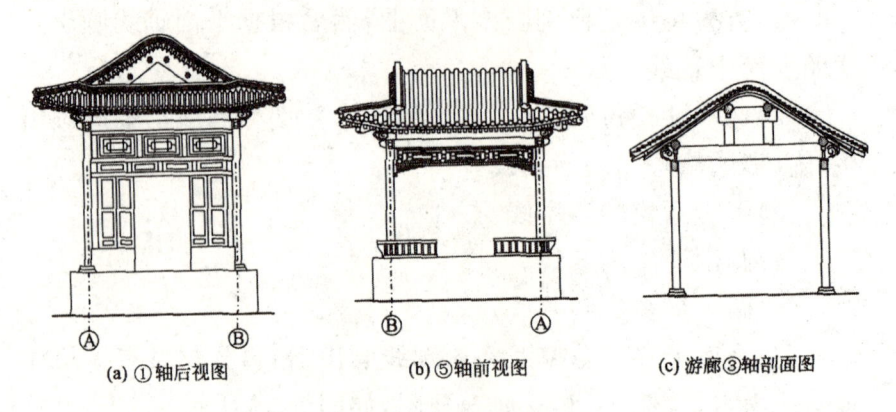

(a) ①轴后视图　　(b) ⑤轴前视图　　(c) 游廊③轴剖面图

图 5-25　石舫三视图

然后分别剪下,将前亭、后楼、游廊三视图拼合在一起,如图 5-26(a)所示。

再另用一张描图纸,先描出图 5-25(b)的前视图,然后重叠在图 5-26(a)上,描出不被遮挡的部分,即可得出图 5-26(b)所示。

同理,再描出图 5-25(a)后视图,然后重叠在图 5-26(a)上,描出不被遮挡的部分,即可得出图 5-26(c)所示。

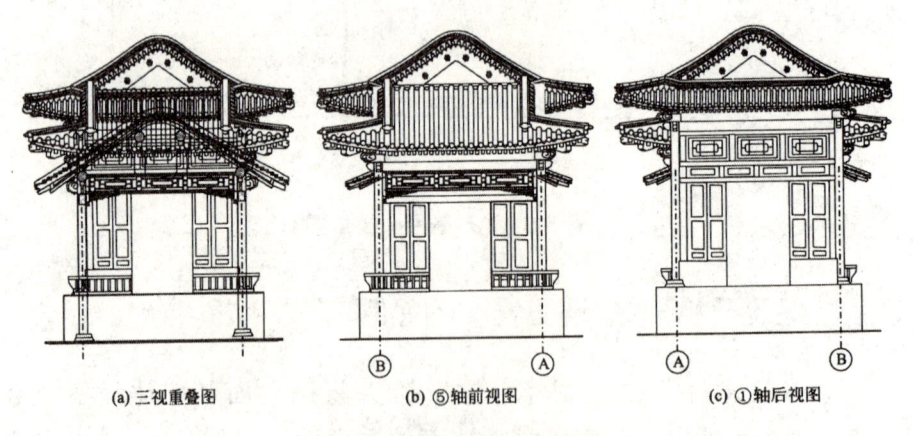

(a) 三视重叠图　　(b) ⑤轴前视图　　(c) ①轴后视图

图 5-26　石舫前、后视图

第二节 仿古建筑的施工要点

一、五边形台基的放线方法

台基放线是将设计图上建筑物的台基尺寸引到拟建地面上,供基础开挖及砌筑台明基础的关键工作。一般四边形或矩形台基的放线,只要找准位置后,按尺寸掌握两对角线相等的原则即可。而五边形台基放线,可采用下述方法。

（一）五边形台基放线

五边形放线可记住一个口诀,即"一六坐当中,二八两边分,九五顶五九,八五定边形"。

"一六坐当中,二八两边分"：先用 1.6 倍面阔长作一垂直十字线,再用 1 倍面阔、0.6 倍面阔划分垂直线;用 0.8 倍面阔划分水平横线,以作放样中线,如图 5-27(a)所示。

"九五顶五九,八五定边形"：再细化,用 0.59 倍面阔确定五边形上角点,用 0.95 倍面阔确定五边形的下边线;再分别用 0.8 倍面阔和 0.5 倍面阔确定五边形其他角点,最后连接各点即为五边形,如图 5-27(b)所示。

（二）作图原理

上述"九五、五九、二八",均为计算值取两位有效数字的约数,如图 5-27(c)所示。

"五九"为：$AF = \sin36° \times AE = 0.58779 \times$ 面阔 ≈ 0.59 倍面阔

"九五"为：$FO = tg18° \times EF = tg18° \times (\cos36° \times 面阔) = 0.32492 \times (0.809 \times 面阔) = 0.26286$ 倍面阔 ≈ 0.2629 倍面阔,

$OG = tg54° \times 0.5$ 倍面阔 $= 1.37638 \times 0.5$ 倍面阔 $= 0.6882$ 倍面

阔,则:FG＝FO＋OG＝0.2629倍面阔＋0.6882倍面阔＝0.9511倍面阔≈0.95倍面阔。

"二八"是指两个0.8,即EF＝FB＝cos36°×面阔＝0.8090倍面阔。

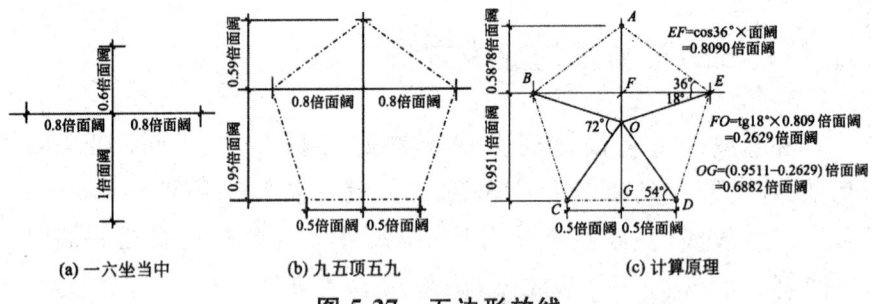

图 5-27 五边形放线

二、六边形台基的放线方法

六边形的放线有两种方法,即矩形中心取点法、矩形四角取点法。

(一)矩形中心取点法

(1)先以面阔为短边,1.732倍面阔为长边,作一矩形,并画出对角线及横中线,得出中心点,如图5-28(a)所示。

(2)以中心点为圆心,面阔长为半径,画圆得出六个交点,如图5-28(b)所示。连接六交点即为六边形,如图5-28(c)所示。

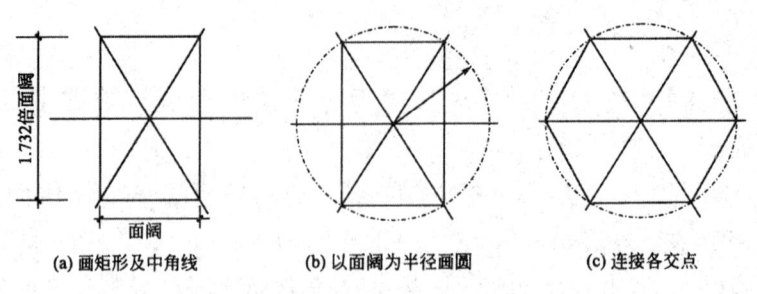

图 5-28 矩形中心取点法

第五章　仿古建筑的建造要点

（二）矩形四角取点法

(1)先以面阔为短边，1.732倍面阔为长边，作一矩形，并画出横中线，如图 5-29(a)所示。

(2)以短边二角点为圆心，面阔长为半径，分别画圆，得出与横中线 2 个交点，连接交点与角点即为六边形。

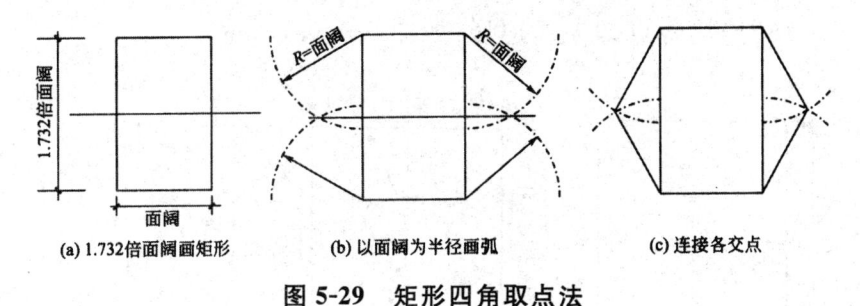

(a) 1.732倍面阔画矩形　　(b) 以面阔为半径画弧　　(c) 连接各交点

图 5-29　矩形四角取点法

三、八边形台基的放线方法

八边形放线有两种方法，即十字矩形法、十字取点法。

（一）十字矩形法

(1)先画出垂直十字线，如图 5-30(a)所示。

(2)以十字线为基础，分别以面阔为短边，tg67.5°×面阔＝2.414 倍面阔为长边，画出两个垂直矩形，如图 5-30(b)所示。

(3)连接矩形各个角点即为八边形，如图 5-30(c)所示。

(a) 画垂直十字线　　(b) 画垂直矩形　　(c) 连接各交点

图 5-30　十字矩形法

(二)十字取点法

(1)先画出垂直十字线,并以进深长为边画出正方形,如图5-31(a)所示。

(2)在各边上,以 tg22.5°×进深＝0.414倍进深,分别从垂直十字线取点,如图5-31(b)所示。

(3)连接各点即为八边形,如图5-31(c)所示。

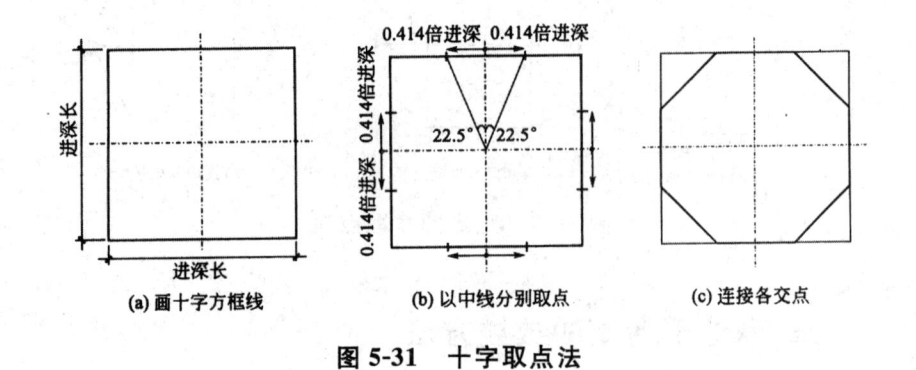

图 5-31　十字取点法

四、台明石作构件的连接

台明石作构件比较多,如阶条石、角柱石、陡板石、土衬石等。其连接方法有槽口、榫卯、铁销、铁银锭等。

(一)采用槽口连接

槽口连接是用于两连接面的宽窄尺寸相差较大的构件,如角柱石侧面与陡板侧面、土衬石上面与陡板底面等的连接。它是将宽面构件用錾子剔凿出槽口,然后将窄面构件插入即可,如图 5-32 中角柱石槽口所示。

第五章 仿古建筑的建造要点

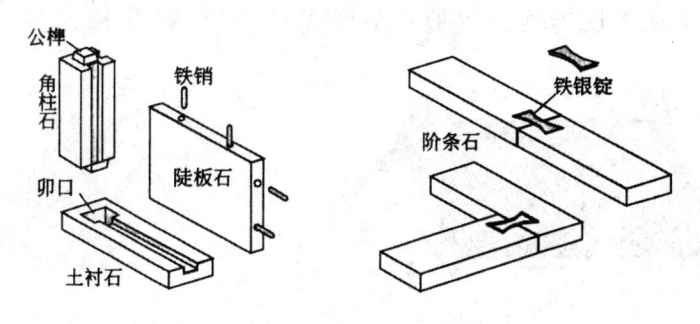

图 5-32 台明石作连接

(二)采用榫卯连接

榫卯连接是用于上下接触面较小的构件,如角柱石顶面与上面的阶条石、角柱石底面与下面的土衬石等的连接,都因柱顶面小而影响接触面。它是将柱顶面剔凿成公榫,连接构件剔凿成卯口,相互套入连接,如图 5-32 中角柱石顶底面所示。

(三)采用铁销连接

铁销连接是用于狭窄长条形接触面的连接,如陡板与陡板、陡板长向面与其他构件等的连接。它是在两个接触面上都打孔眼,用圆铁销相互插入连接,如图 5-32 中陡板上面及侧面所示。

(四)采用铁银锭连接

铁银锭连接是用于平面构件之间的连接,如阶条石与阶条石、阶条石与槛垫石等的连接。它是在两连接处剔凿成燕尾口,将铸铁银锭(即铸铁熔化浇铸成对接双燕尾形)嵌入而成,如图 5-32 中阶条石所示。

五、山墙砖博风头的砍制

砖博风头,是硬山建筑山墙采用砖砌博风的端头构件,它用方砖在施工现场砍制成霸王拳形式,如图5-33中博风头所示。

图 5-33　硬山建筑山墙砖博风

其砍制方法为:

(1)先选用一标准方砖,在其下边的中间(1/2 宽)量取一点,与上边角连一斜线,并将斜线分成七等份,如图 5-34(a)所示。

(2)在上边,从该边角量取一等份取点,与斜线一等份连线,如图 5-34(b)所示。

(3)在其余六等份中,除中间二等份以其半长(即 1 等份)为半径划弧外,其余均以 0.5 等份为半径划弧,如图 5-34(c)所示。

(4)用錾子将线外部分剔凿掉,并磨光、磨整齐即可,如图 5-34(d)所示。

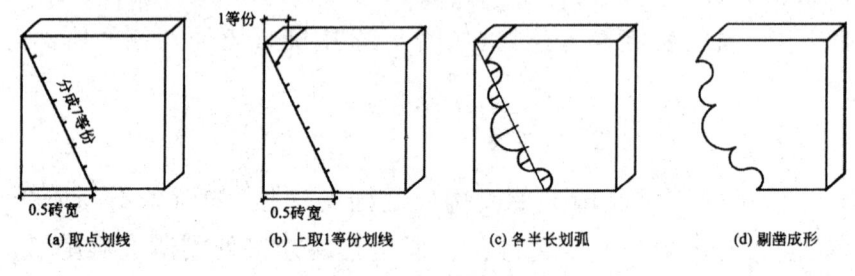

图 5-34　博风头的砍制

六、墙体砖券如何进行"发券"

墙体砖券,除门窗顶上所用的有平券、圆光券、半圆券等外,墙体所用的还有木梳背、车棚券等穿堂券。在砌筑工程中,对砖

第五章　仿古建筑的建造要点

券的砌筑称为"发券",它是洞口上用于承重的一种拱形砖过梁。

发券方法是按照起拱弧线,先用木料或垒叠砖块做成拱形券胎,如图 5-35(a)所示。然后再在其上用砂浆砌筑砖券。为防止拆卸券胎后拱形下沉,一般在做券胎时,应将券胎适当增加起拱度,起拱度大小为:平券按 1%跨度、圆光券按 2%跨度、木梳背按 4%跨度、半圆券按 5%跨度。

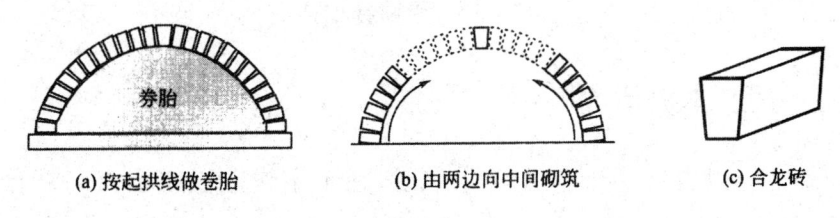

(a) 按起拱线做卷胎　　(b) 由两边向中间砌筑　　(c) 合龙砖

图 5-35　发券

发券时应注意以下要点:

(1)券砖应为单数,最中间一块称为"合龙砖",应加工成上宽下窄的楔形,如图 5-35(c)所示。

(2)发券前应先将券砖进行试排,由中间向两边摆排,摆排余尺最后落脚在"合龙砖"上进行加工。摆排完成后,再由两边向中间砌筑,最后由"合龙砖"砌紧,如图 5-35(b)所示。

(3)券砖与灰浆的接触面要求达到 100%,砌筑完成后应在上口用片石塞缝并灌浆。

发券起拱放样方法,以半圆券、木梳背为例叙述如下。

(一)半圆券放样

(1)以券底为准作垂直十字线,在十字线上以中心点向外分别取点:

AB=跨度,$CO=DO=NO=5\%AB$(起拱度),如图 5-36(a)所示。

(2)以 $C(D)$ 为圆心,$CB(DA)$ 为半径画弧,与 $CN(DN)$ 延长线相交于 $F(E)$,如图 5-36(b)所示。

(3)再以 N 点为圆心,$AE(F)$ 为半径画弧至 $F(E)$,则

AEFB 弧即为券线,如图 5-36(c)所示。

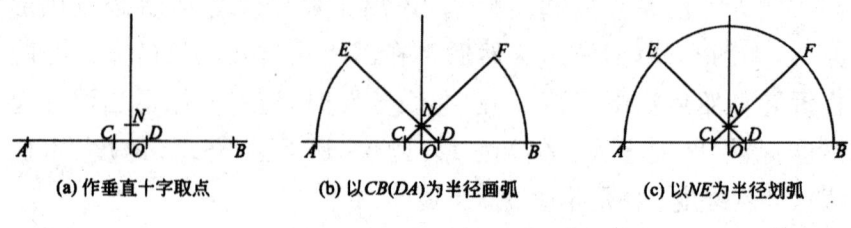

(a) 作垂直十字取点　　(b) 以 CB(DA) 为半径画弧　　(c) 以 NE 为半径划弧

图 5-36　半圆券放样

(二)木梳背放样

(1)以券底为准作垂直十字线,在十字线上以中心点向外分别取点:AB=跨度,CD=矢高,DE=4‰AB(起拱度),如图 5-37(a)所示。

(2)连接 AE、BE,并作其垂直平分线交于垂线 O 点,如图 5-37(b)所示。

(3)再以 O 点为圆心,以 OA、OB 为半径画弧,则 AEB 弧即为券线,如图 5-37(c)所示。

(a) 作垂直十字取点　　(b) 作 BE、AE 垂直平分线　　(c) 以 OA、OB 为半径划弧

图 5-37　木梳背放样

七、檐柱柱顶与柱脚的连接构造

檐柱柱顶有面阔和进深两个方向的连接构件,又因大式建筑和小式建筑的连接构造有所不同。檐柱柱脚与柱顶石连接。

小式建筑面阔方向有檐枋一个构件,檐枋用燕尾榫与柱连接。进深方向有抱头梁、穿插枋两个构件。其中抱头梁搁置在柱顶上,用馒头榫连接,穿插枋用透榫穿过柱顶连接。柱脚用管脚榫与柱顶石连接,如图 5-38(b)所示。

大式建筑面阔方向有大额枋、小额枋、额垫板、平板枋,大额枋用燕尾榫与柱连接,小额枋用半透榫与柱连接,额垫板用插槽榫与柱连接,平板枋不留榫,直接搁于柱上,另用栽销与大额枋连接。进深方向只有穿插枋,用透榫与柱连接,如图 5-38(c)所示。

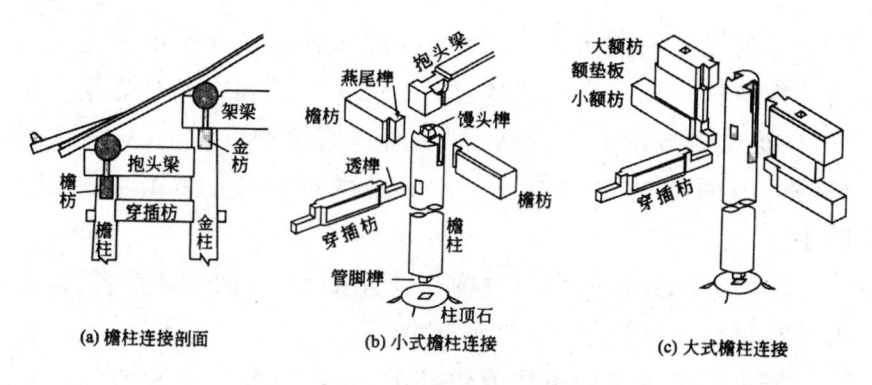

图 5-38 檐柱连接构造

由上述可知,檐柱的连接构造大致有四种,即燕尾榫、透榫、馒头榫、管脚榫。

(一)燕尾榫

燕尾榫,又称"大头榫""银锭榫",是头宽尾窄的木榫,因此,柱上榫口为里宽外窄。这种榫安装后不易拔出,有很好的拉结作用。

(二)透榫

透榫,又称"大进小出榫",即配合的榫口,进入部分是大榫口,榫穿过柱身后,出口部分为小榫口。

(三)馒头榫、管脚榫

馒头榫是用于柱顶垂直连接的木榫,管脚榫是用于柱脚连接的木榫,两榫构造一样,它们能有效阻止构件横向移动。

八、角檐柱的柱顶连接构造

角檐柱是檐柱转角处的柱子,它与面阔和进深山面两个方向的檐枋构件相互交叉连接,如图5-39(a)所示。角柱做出十字榫口,檐枋做成带卡口的箍头榫,面阔檐枋卡口朝上,先放入榫口内。山面檐枋卡口朝下,卡在面阔檐枋上,如图5-39(b)所示。

面阔方向穿插枋仍为透榫与柱连接,若山面有廊道者,也有山面穿插枋与柱连接,如图5-39所示。

箍头榫是用于转角柱或边柱的特殊卡榫,它的榫心落入柱顶榫口内。榫头大于榫口卡在柱外,起箍住作用,此榫头称为"箍头",大式箍头做成霸王拳形式,如图5-39(b)所示。小式做成三岔头形式,如图5-41(b)中所示。

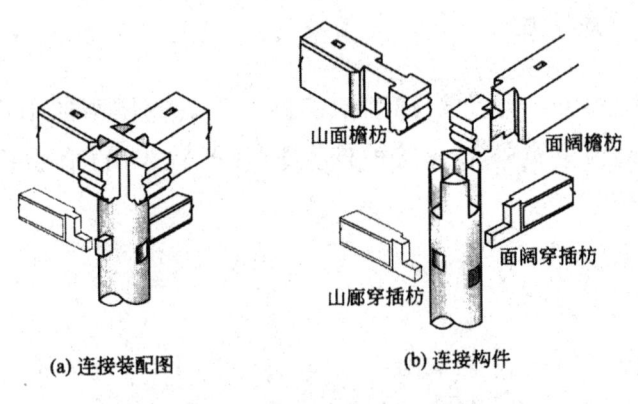

(a) 连接装配图　　(b) 连接构件

图 5-39　角檐柱连接构造

第五章 仿古建筑的建造要点

九、金柱与重檐金柱的连接构造

金柱柱顶和柱脚连接基本与檐柱相同,即面阔方向有横枋用燕尾榫与柱顶连接。进深方向有抱头梁(用半透榫)、穿插枋(用透榫)与柱连接。柱脚用管脚榫与柱顶石连接。

重檐金柱面阔方向的连接构件有上檐枋、围脊枋、承椽枋、棋枋等,如图5-40(a)所示。其中,上檐枋用燕尾榫与柱连接。围脊枋、承椽枋、棋枋等用半透榫与柱连接。

重檐金柱进深方向的连接构件有:屋架梁、随梁枋、抱头梁、穿插枋等。其中,屋架梁用馒头榫与柱连接,随梁枋用燕尾榫与柱连接。抱头梁用半透榫、穿插枋用透榫与柱顶连接。柱脚用管脚榫与柱顶石连接,如图5-40(b)所示。

(a) 重檐金柱连接剖面　　(b) 重檐金柱的连接构件

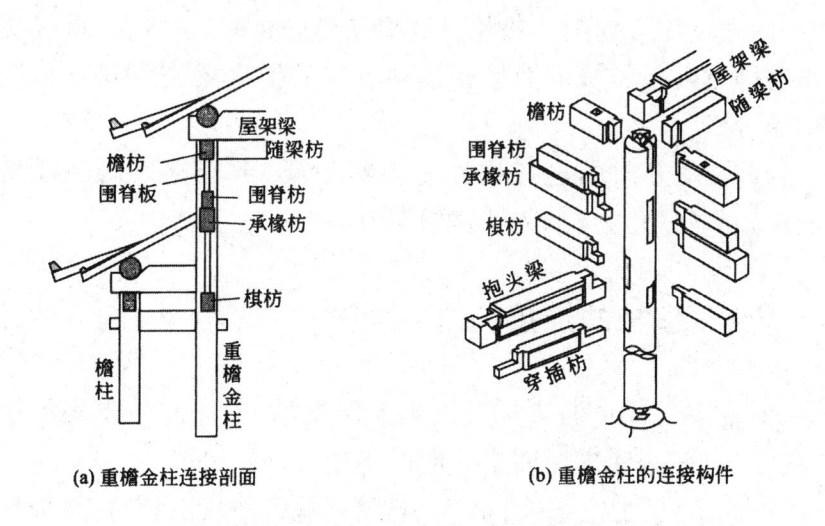

图 5-40　重檐金柱连接构造

十、重檐角金柱的柱顶连接构造

重檐角金柱的连接构件有面阔方向、山面进深方向、45°斜角方向三个方向的连接构件,如图5-41所示。

正面面阔方向的连接构件有檐枋(箍头榫)、围脊枋、承椽枋(半透榫)、棋枋(半透榫)等,还有从面阔檐柱延伸过来的抱头梁、穿插枋(半透榫)等。

(a) 转角连接构件平面　　(b) 重檐角金柱的连接构件

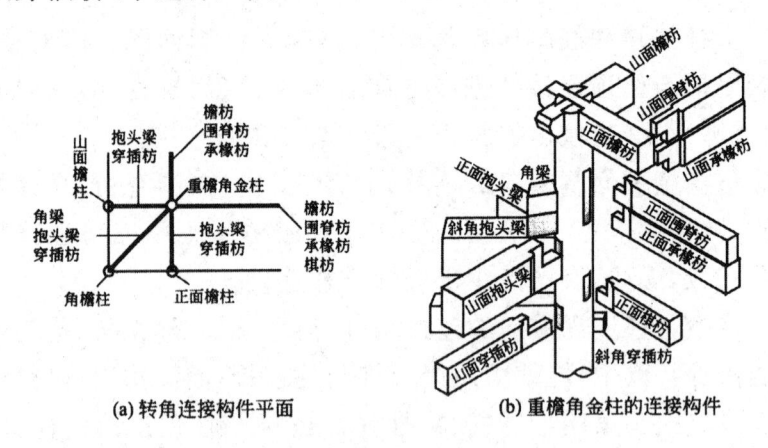

图 5-41　重檐角金柱连接构造

山面进深方向的连接构件有檐枋(箍头榫)、围脊枋、承椽枋(半透榫)等,还有从山面檐柱延伸过来的抱头梁、穿插枋(半透榫)等。

45°斜角方向的连接构件有斜抱头梁(半透榫)、斜穿插枋(透榫)和老仔角梁(半透榫)等。

十一、童柱的连接构造

童柱是大式重檐建筑所用的上层檐柱,它落脚于下层檐桃尖梁上,有面阔和进深两个方向的连接构件。

面阔方向的连接构件有大小额枋(箍头榫)、围脊枋、承椽枋(半透榫)、柱脚处管脚枋(箍头榫)等。柱顶用馒头榫与平板枋连接。

进深方向的连接构件有穿插枋(透榫)、柱脚处管脚枋(箍头榫)等。

柱脚用管脚榫与墩斗连接,如图 5-42 所示。

第五章　仿古建筑的建造要点

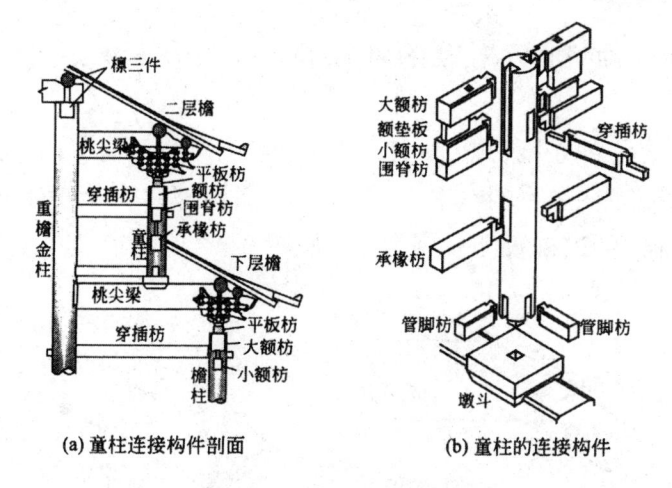

图 5-42　童柱连接构造

十二、脊瓜柱的连接构造

脊瓜柱是支持屋脊脊檩的重要矮柱,它必须要稳重牢固,因此一般用双脚榫插入屋架梁榫口内,中间卡有稳定构件角背,角背用木销,与屋架梁连接。脊枋用半榫与柱连接,如图 5-43 所示。

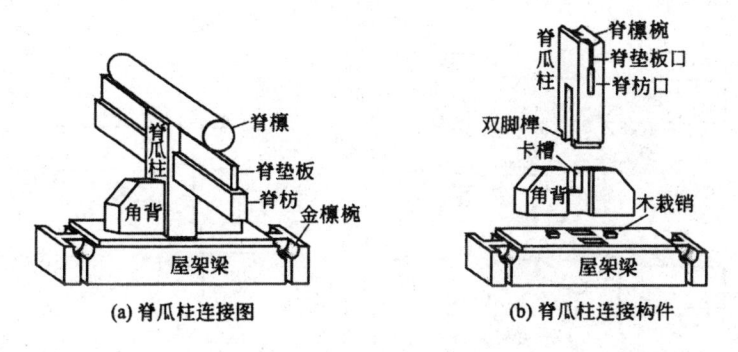

图 5-43　脊瓜柱的连接构造

十三、趴梁与桁檩的连接构造

趴梁是趴在圆形桁檩上的构件,它没有管脚,为了不使其移动,一般做成三阶梯榫,如齿牙形状咬住桁檩。在桁檩上做成相应的阶梯槽,以确保不使其移动,如图 5-44 所示。

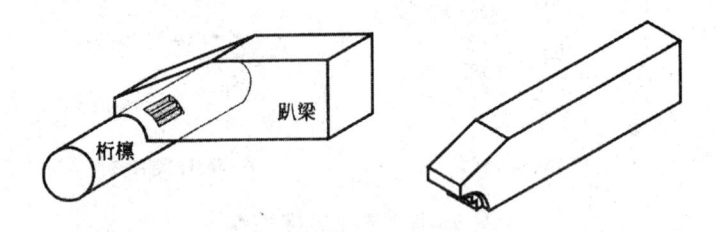

图 5-44 趴梁连接构造

十四、悬山燕尾枋的连接构造

燕尾枋是悬山建筑上檩木伸出山墙之外,悬挑端下面的衬托木。它是用燕尾榫插入屋架梁的榫槽内,檩木有鼻槽与屋架梁上鼻子连接,而屋架梁下设有卯口与柱顶馒头榫连接,如图 5-45 所示。

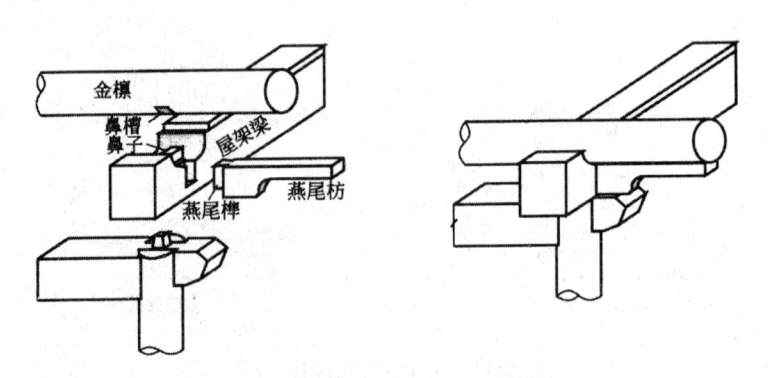

图 5-45 燕尾枋的连接构造

第六章　中国古建筑的设计实践

前面几章我们介绍了中国古建筑的文化、传承,以及各种设计技巧。然而这些相对理论的知识终归是要被运用到设计实践中去的,中国古建筑的设计项目应该如何去实践?有哪些成功、经典的设计案例?本章我们将对这些问题进行详细阐述。

第一节　中国古建筑的制图与测绘

一、中式建筑制图

(一)总平面图

在对建筑进行设计之前,我们经常需要对建筑物(单体或组群)所处的地理位置、占地范围、平面形状、朝向、与周围建筑或山水树木以及组群内部各单体建筑之间的位置关系进行标示,以便使人对于该处建筑从宏观上有大致的了解,这样绘制出来的图便被称为"总平面图"。总平面图是相对于单体建筑平面图而言的。

(二)单体建筑平面图

何谓单体建筑平面图?假想用一水平的剖切面,沿窗榻板上部将房屋剖切后,对剖切面以下部分所作的垂直投影图,得出的图即为单体建筑平面图。平面图绘制步骤及成图见图 6-1。

(a)

(b)

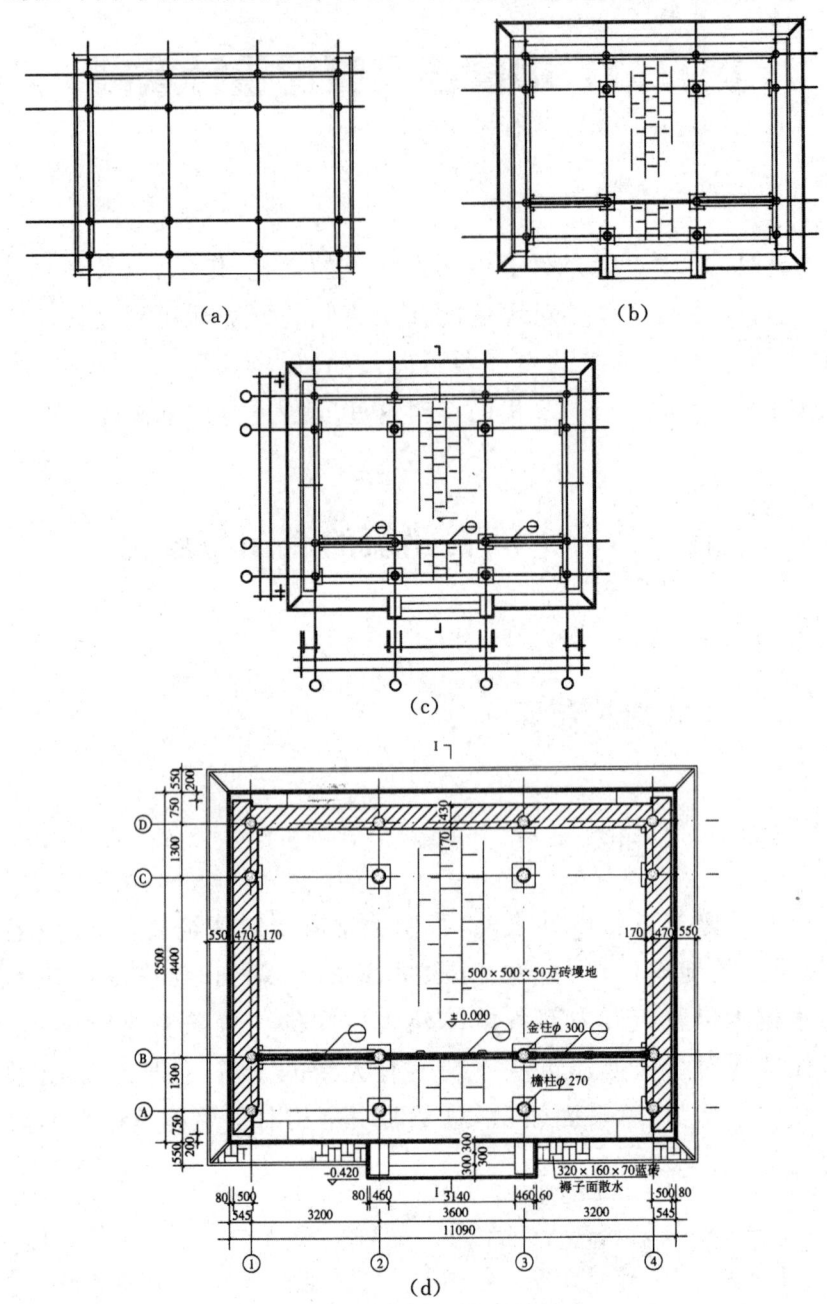

(c)

(d)

图 6-1 单体建筑平面图绘制步骤

（三）单体建筑剖面图

何谓单体建筑剖面图？假想一个垂直的剖切面，沿进深或面宽方向将建筑物剖开，向一侧所作水平投影图，这样得出的图便是单体建筑剖面图。剖面图的剖切位置一般在明间的正中，沿进深方向所作的剖面图为横剖面，沿面宽方向所作的剖面图为纵剖面。剖面图绘图步骤及成图见图6-2。

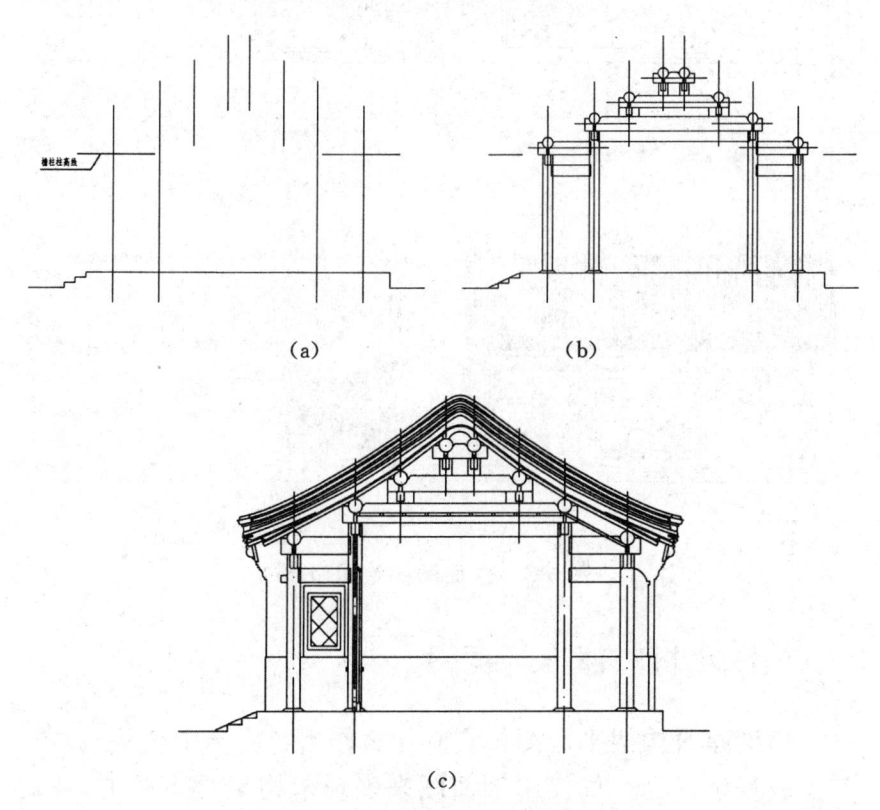

图6-2 单体建筑剖面图绘图步骤

（四）单体建筑立面图

何谓单体建筑立面图？所谓建筑立面图，即为在与建筑立面平行的投影面上所作的建筑的正投影图。立面图又分为正立面图、侧立面图和背立面图。其中,整立面图是指能够反映建筑主要入口或主要外观特征的立面图。立面图的绘图步骤和成图见图6-3。

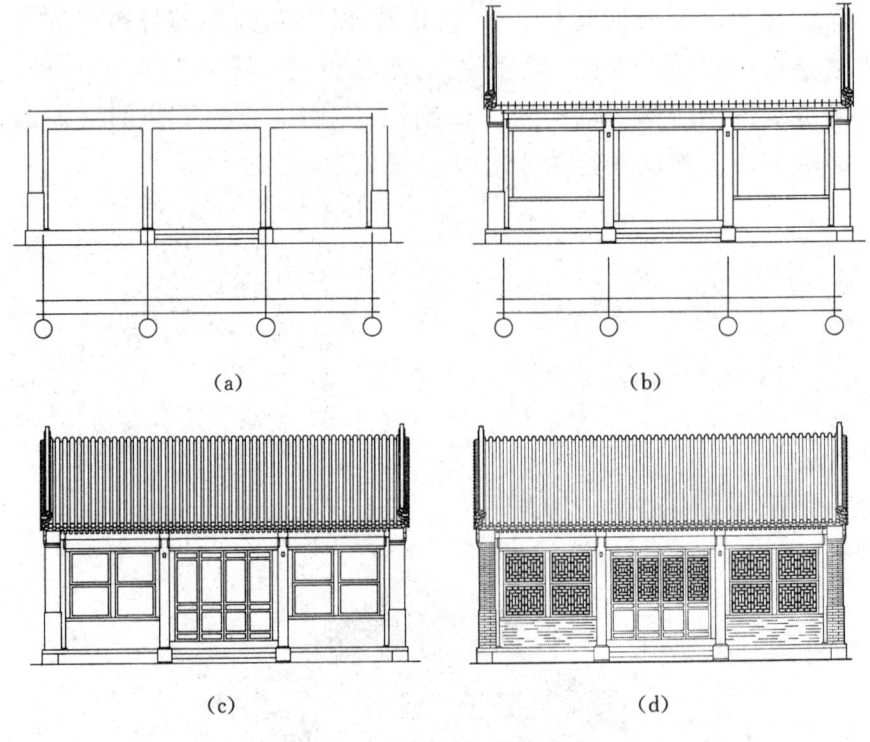

(a)　　　　　　　　　　(b)

(c)　　　　　　　　　　(d)

图6-3　立面图的绘图步骤

(五)单体建筑构架平面图

何谓建筑构架平面图?它有什么作用?由于中式建筑木构架比较复杂,因此,仅仅用剖面图来表现木构架是不够的,还需要通过专门的仰视图或俯视图来从不同角度表现它。在建筑设计活动中,木构架平面图是常用来表达平、立、剖面图的基本图纸之一,木构架平面图主要指木构架俯视图、木构架仰视图以及分层构架平面图三种。

举例:周围廊歇山建筑木构架俯视、仰视图,见图6-4;重檐八角亭上下层构架仰视图见图6-5;翼角平面(仰视、俯视)和正

第六章　中国古建筑的设计实践

立面间图 6-6 到图 6-8;翼角正立面绘图举例见图 6-9、图 6-10。

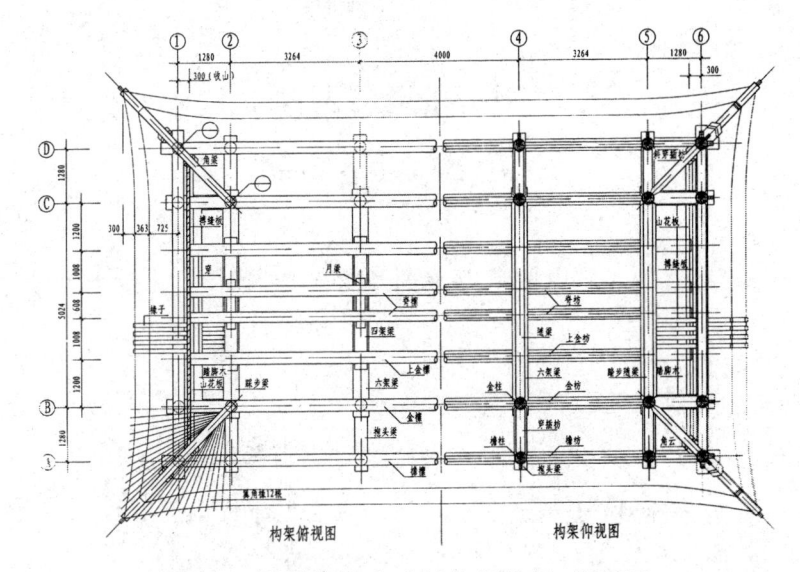

图 6-4　周围廊歇山建筑构架俯视、仰视图

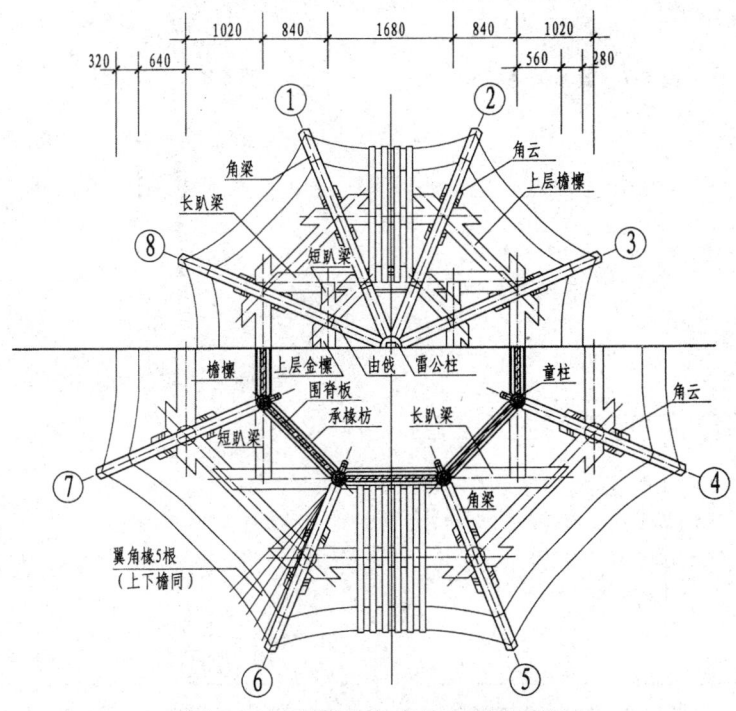

图 6-5　重檐八方亭构架俯视图

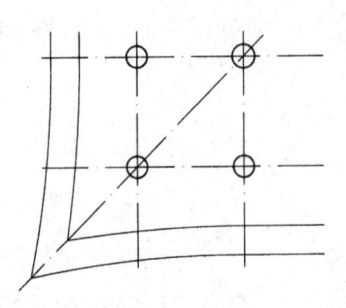

图 6-6　翼角部分柱子、梁、檩

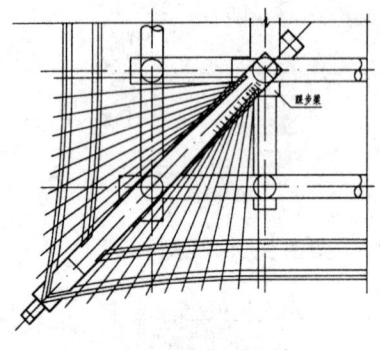

图 6-7　翼角翘飞椽

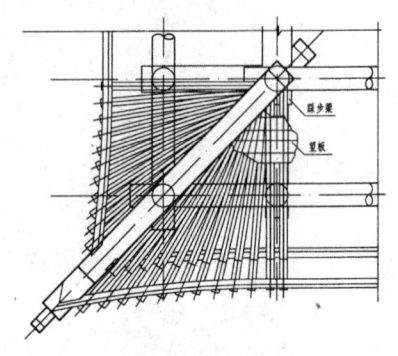

图 6-8　上墨线注尺寸

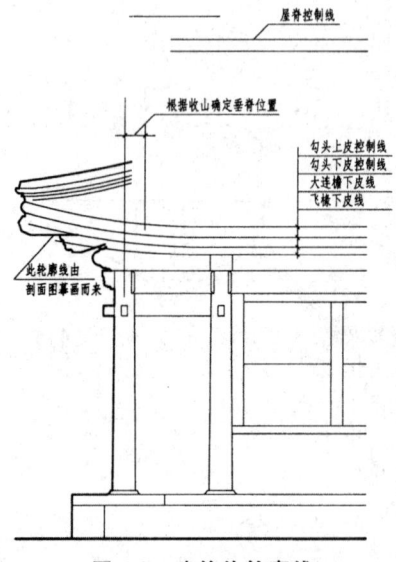

图 6-9　建筑外轮廓线

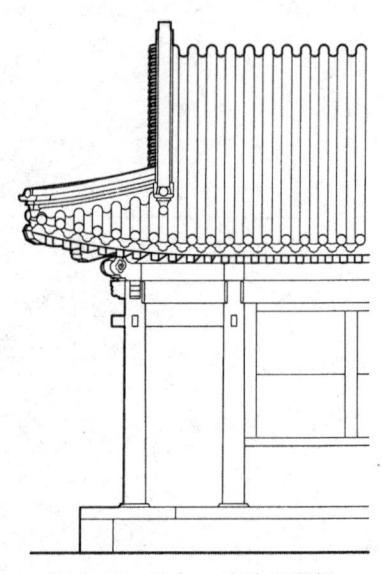

图 6-10　翼角立面绘图举例

第六章　中国古建筑的设计实践

二、中式建筑测绘

(一)建筑测绘

文物建筑按规定都需要有测绘图存档备案,这一方面是定期观测、维护文物建筑的需要,另一方面,一旦文物建筑遭遇不测(如雷电、火灾、地震等)而毁坏,可以依实测图复建。

1. 测量

我们搞中式建筑测量,一般要准备卷尺、丈杆和线坠,丈杆两米长就够用了,量柱高、开间等大尺寸时配合卷尺可以方便丈量。线坠用于丈量上出尺寸。

测量时的几点注意事项:柱径是柱根部的尺寸,并且需减去油、灰层的尺寸;无论开间、进深等大尺寸还是柱高、柱径等小尺寸,都需要多选几个部位和构件,丈量后取其平均值作为标注尺寸;椽径、斗口等尺寸,有建筑模数的作用,且因年久变形较大,更要多量几处;建筑如有局部沉降,需准确测量并定期观测,尽早发现变化趋势以便制定维修方案。

2. 制图

我们搞文物建筑测绘,不可能是为该建筑写生,因为写生图没有实用价值。我们要透过变形描绘出建筑初建时的样子。这是有一定难度的。建筑构件移位变形解决起来相对简单,因为中式建筑大多以轴线对称,基本没有单一的尺寸,所以可以多点测量,反复比照、取其均值。但装修形式有的已几经改变、面目全非,想恢复当年风貌,就要下一番考察的功夫了。

建筑测绘图,实际上就是复制该建筑的设计图。当然,我们测绘的文物建筑,当初是没有设计图的,起码是没有我们今天这样的设计图的。我们在绘制图纸时要想着:一旦建筑毁坏,可以依照我们绘制的这套图纸将其不走样儿地再建起来。

另外,搞文物建筑测绘的同时,一定要配合该建筑整体及各局部的照片和文字说明,与测绘图一并存档。

(二)电脑制图

现在已经很少有人手绘建筑图了,而大量各种电脑软件的出现,又大大方便了电脑制图。尽管如此,我们依然认为应从尺规作图学起,因为再先进的电脑软件也不可能替代一些基础知识的掌握。通过尺规作图的学习过程,掌握了作法步骤、方法及中式建筑的规定和规矩,再学习电脑软件的使用,这样才能事半功倍地完成中式建筑制图工作。

轴线对称的中式建筑很适合用电脑制图,因为软件的镜像与拷贝功能可以大大地减少作图的工作量。但也有较为麻烦的地方,比如屋面曲线及一些装饰构件,就没有简便方法了。但我们如果注意平时积累素材,在很多情况下还是可以相互借用的。如整组的斗栱、吻兽一类的构件。

第二节　中国古建筑各构造组成的实训

一、地基、基础与台基

(一)古建筑下分概述

古建筑的下分,指的是基础与台基部分,从构成机能上看,基础是结构构成因子,它位于墙柱之下,用来承担整个建筑的荷载并传递至下部地基。台基是围护与装饰构成因子,它将基础包裹在内,形成建筑的基座。台基一般为砖石包砌的夯土平台,起着保护基础、防水避潮等功能,同时在建筑造型和建筑等级标志方面起着重要的作用。

另外,古建筑地面也属于下分部分的内容,地面是房屋的室内地坪,同时也是台基的上表面,地面层有均匀传力及防潮等要求,并应具有坚固、耐磨、易清洁等性能。

(二)硬山、悬山建筑台基设计实训

【实训项目】

完成某一硬山建筑或悬山建筑台基平面设计。

【实训要求】

(1)某硬山建筑,面阔3间,构架为六檩前出廊,采用大式做法。试完成其台基平面设计,并绘制建筑平面图及相关节点详图。

(2)某悬山建筑,面阔3间,构架为五檩前出廊,采用大式做法。试完成其台基平面设计,并绘制建筑平面图及相关节点详图。

【项目解析】

(1)硬山建筑平面绘制解析。

硬山建筑台明各部分尺寸计算表见表6-1。

表6-1 硬山建筑台明各部分尺寸计算表

序号	部位名称	计算公式	计算过程	营造尺寸/尺	公制尺寸/mm
1	明间面阔	$L \leqslant 13$ 尺			
2	次间面阔	0.8明间面阔,或按0.5尺递减			
3	檐柱高	0.8明间面阔			
4	廊深	0.4檐柱高			
5	进深	1.6明间面阔			
6	檐柱径	0.07明间面阔			
7	檐柱柱顶石	2×檐柱径			

续表

序号	部位名称	计算公式	计算过程	营造尺寸/尺	公制尺寸/mm
8	金(山)柱径	檐柱径+2寸			
9	金柱柱顶石	2×金柱径			
10	台明高	0.2×檐柱高,另加土衬石露明尺寸1~2寸			
11	山墙外包金	(1.5~1.8)山柱径			
12	山墙里包金	0.5×山柱径+2寸			
13	檐墙外包金	1.5檐柱径			
14	檐墙里包金	0.5檐柱径+1.5寸			
15	槛墙外包金	0.5金柱径+1.5寸			
16	槛墙里包金	同槛墙外包金			
17	下檐出	2/10×檐柱高			
18	金边	2寸			
19	阶条石	宽1尺			
		厚0.5尺			
20	陡板石	高度=台明高−阶条石厚			
		厚:1/3高度			
21	土衬石	宽度=陡板石厚+2金边			
		厚≥0.5尺,可取0.6尺			
22	踏跺	宽×高=1尺×0.4尺			
23	踏跺数	台明高/踏跺高			
24	垂带石宽	宽1尺			
25	地面砖	尺四方砖,边长1.4尺			
26	散水宽	散水宽≥上檐出−下檐出			

(2)悬山建筑平面绘制解析。

悬山建筑台明各部分尺寸计算表见表6-2。

第六章　中国古建筑的设计实践

表 6-2　悬山建筑台明各部分尺寸计算表

序号	部位名称	计算公式	计算过程	营造尺寸/尺	公制尺寸/mm
1	明间面阔	$L \leqslant 13$ 尺			
2	次间面阔	0.8 明间面阔,或按 0.5 尺递减			
3	檐柱高	0.8 明间面阔			
4	进深	1.6 明间面阔			
5	廊深	0.4 檐柱高			
6	檐柱径	0.07 明间面阔			
7	檐柱柱顶石	2×檐柱径			
8	金(山)柱径	檐柱径+2 寸			
9	金柱柱顶石	2×金柱径			
10	台明高	0.2×檐柱高,另加土衬石露明 1~2 寸			
11	山墙外包金	1.5×山柱径			
12	山墙里包金	0.5×山柱径+2 寸			
13	檐墙外包金	1.5 檐柱径			
14	檐墙里包金	0.5 檐柱径+1.5 寸			
15	槛墙外包金	0.5 金柱径+1.5 寸			
16	槛墙里包金	同槛墙外包金			
17	下檐出	2/10×檐柱高			
18	山出	2.5 倍山柱径			
19	阶条石	宽 1 尺 厚 0.5 尺			
20	陡板石	高度=台明高-阶条石厚 厚=1/3 高度			
21	土衬石	宽度=陡板石厚+2 金边 厚≥0.5 尺			
22	踏跺	宽×高=1 尺×0.4 尺			

· 229 ·

续表

序号	部位名称	计算公式	计算过程	营造尺寸/尺	公制尺寸/mm
23	踏跺数	台明高/踏跺高			
24	垂带石宽	宽1尺			
25	地面砖	尺四方砖,边长1.4尺			
26	散水宽	散水宽≥上檐出－下檐出			

【成果表达】

图纸规格:采用2#绘图纸。图纸质量标准按照古建筑施工图设计标准。

(1)悬山或硬山建筑台基平面图(1∶50)

(2)悬山或硬山建筑台帮剖面详图(1∶10)

(3)悬山或硬山建筑台阶剖面详图(1∶10)

二、墙体

(一)古建筑墙体概述

墙体是古建筑中的围护与分隔因子。在木构架体系形成的古建筑中,墙体本身并不承受上部梁架及屋顶荷载,所以古建筑中有"墙倒屋不塌"之说。墙体虽不承重,但在稳定柱网,提高建筑抗震刚度方面起着重要的作用,同时墙体的耐火性能较好,在建筑防火方面也起着重要的作用。

(二)硬山建筑墙体设计实训

【实训项目】
硬山建筑墙体构造设计。

第六章 中国古建筑的设计实践

【实训条件】

某古建筑为大式硬山建筑,两山排山梁架如图3-32所示,该建筑前檐柱径为250mm,山柱、前金柱、后檐柱径为280mm,檐柱高为2750mm,前檐为槅扇门窗,槛墙高870mm,后檐墙为老檐出形式,前檐檐出825mm,后檐出均为550mm。根据图纸所提供的信息及表6-11完成硬山建筑墙体构造设计。

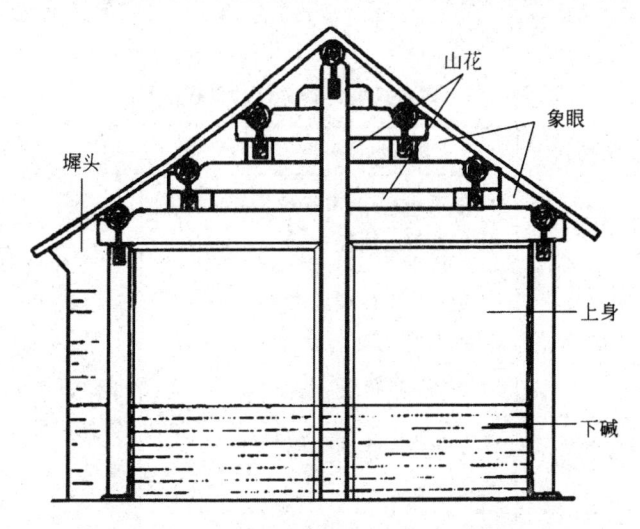

图6-11 某古建筑两山排山梁架图

【项目解析】

(1)确定构造设计内容。

本案例中包括三项,分别为硬山山墙、硬山檐墙、槛墙。

(2)墙体各部位基本数据计算详见表6-3。古建筑墙体各部位尺度权衡表详见表6-4。

表6-3 墙体各部位基本数据计算

山墙基本尺寸		檐墙基本尺寸		槛墙基本尺寸	
外包金		外包金		外包金	
里包金		里包金		里包金	
下碱高		下碱高		槛墙高	
花碱		花碱		踏板厚	

续表

山墙基本尺寸		檐墙基本尺寸		槛墙基本尺寸	
正升		正升		墙心形式	
博缝高、厚		签尖高			
拔檐高、出挑尺寸		拔檐高、出挑尺寸			

表6-4 古建筑墙体各部位尺度权衡表

墙体各部位名称		设计参考尺寸	说明
山墙	外包金	大式:1.5~1.8 山柱径 小式:1.5 山柱径	1. 里外包金尺寸均指下碱尺寸 2. 准确尺寸尚应根据砖的规格,经过核算(排出好活)后确定
	里包金	大式:0.5 山柱径加2寸 小式:0.5 山柱径加1.5寸或0.5 山柱径加花碱尺寸	
墀头	咬中	柱子掰升尺寸加花碱尺寸,或按1寸算	
	外包金	同山墙外包金	
墀头小台阶		大式:不小于4寸或6/10~8/10 檐柱径 小式:不小于2寸或3/10~6/10 檐柱径	1. 准确尺寸应根据天井尺寸核算 2. 带挑檐石的,可定为8/10 檐柱径
山花象眼里皮	露明	白柱中线,向外加1寸	
	不露明	里皮线与柱中心线平齐	
后(前)檐墙	外包金	大式:7/6~1.5 倍柱径 小式:1~7/6 倍柱径	此处的柱径指檐柱径或老檐柱径,要根据具体与墙相交的柱子情况而定
	里包金	大式:0.5 柱径加2寸 小式:0.5 柱径加1.5寸或0.5 柱径加花碱尺寸	

第六章　中国古建筑的设计实践

续表

墙体各部位名称		设计参考尺寸	说明
槛墙	外包金	大式:0.5倍柱径加1.5寸 小式:0.5倍柱径加1.0寸	
	里包金	外包金＝里包金	
扇面墙、隔断墙		等于或大于1.5倍金柱径	
院墙厚		大式:不小于60cm 小式:不小于24cm,宜为40cm	
花碱宽	干摆、丝缝	0.5～0.8cm	1. 适应于下碱和倒花碱 2. 如墙面需要抹灰,应另加抹灰的厚度
	糙砖墙	0.8～1.0cm	
	院墙	1.0～1.5cm	
五花山墙边界		按柱中线和瓜柱中线定	
下碱高	山墙、檐墙	高度为3/10檐柱高,按照砖厚与灰缝核层数,要求为单数	
	廊心墙、囚门子	宜于山墙下碱高度相近,以方砖心能排出好活为准	
	院墙	大式:墙身高度的1/3但不超过1.5m 小式:墙身高度的1/3	
签尖	签尖高	等于外包金尺寸或大于等于檩垫板尺寸	
	拔檐出檐	等于或略小于砖本身厚	
硬山博缝各层出檐尺寸	头层檐	1寸	琉璃博缝有两种做法:1. 博缝砖与拔檐(托山混)平,即博缝不出檐 2. 博缝出檐0.6～0.8寸
	二层檐	0.8寸	
	博缝砖	0.6寸	
	随山半混	1寸	
硬山博缝砖高度		1～2倍檩径,宜小于墀头宽,另视环境而定	
挑檐石或木挑檐长		里端至金檩中	

续表

墙体各部位名称		设计参考尺寸	说明
墀头天井	荷叶墩	1.5寸	
	半混	0.8~1.25本身厚	
	炉口	0.5~2cm	
	枭	1.3~1.5本身厚	
	头层盘头	约1/6本身厚	
	二层盘头	约1/6本身厚	
	戗檐砖	通过戗檐高和戗檐部分的斜率求出	一般采用方砖斜置
柱门宽		同柱径	八字角度一般为60°

【成果表达】

所有图纸均在3♯图纸上绘制。

(1)硬山山墙局部平面图(1∶30)

(2)硬山山墙剖面图(1∶20)

(3)硬山檐墙剖面图(1∶20)

(4)硬山槛墙剖面图(1∶20)

(5)槛墙墙心大样图(1∶20)

三、木构架

(一)古建筑木构架概述

木构架是古建筑的结构受力因子,它由柱网部分与屋架部分有机组合在一起。木构架类似于今天的框架结构,屋架—柱网体系承受建筑上部的屋顶荷载,并将其传递给下部基础。

1. 柱网

柱子按照一定规律进行排列,通过上部额枋,下部地栿(宋以前有,明清已无)等联系成一个整体。

2. 屋架

由梁（栿）、短柱构成。以抬梁式屋架为例，沿着进深方向在柱顶架设大梁，在大梁之上按照步架位置立短柱（瓜柱），短柱柱顶架设短梁，在短梁之上再立短柱，短柱上架设更短的短梁，直至屋脊。然后在屋架梁（栿）的端头架设檩条，檩条之上架设椽条。

屋架既是古建筑屋顶部分的受力结构，同时也是形成屋面曲线的主要原因，当屋架采用不同的取折方法时，屋顶的陡缓曲线将发生变化。

（二）硬山或悬山建筑明间木构架设计实训

完成某一硬山或悬山建筑明间构架设计。

【实训要求】

某硬山或悬山建筑，面阔五间，进深七檩，采用七檩前后廊式构架。该建筑为大式建筑，明间面阔12尺，次间与梢间面阔均为10尺。试完成其明间构架设计。

【项目解析】

（1）基本数据确定指导。

表6-5 某古建筑明间构架基本数据表

项目	计算公式	营造尺/尺	公制尺寸/mm	注释
明间面阔	12尺	12	3840	金柱径取值： 大式：$D+2$寸 小式：$D+1$寸 （D为檐柱径）
檐柱高				
檐柱径				
金柱径				
廊步架				
金、脊步架				
举高确定	檐步5举，金步7举，脊步9举			

(2)绘制平面及构架简图。

①平面简图。

②构架简图。

(3)主要构架尺寸计算

采用计算表格的形式,每种构件都按要求先列出计算公式,然后再进行计算。

①梁、枋类构件尺寸计算表见表6-6。

表6-6 梁、枋类构件尺寸计算表

构件名称	梁长	梁断面 梁高	梁断面 梁厚	注释
五架梁	Σ步距$+2D$	1.25梁厚	金柱径+1寸	1.梁出头尺寸为1檩径 2.1檩径=1檐柱径
三架梁	Σ步距$+2D$	1.25梁厚	0.8×五架梁厚	三架梁,还可以按照五架梁高厚各减2寸定高厚
抱头梁	廊步$+D$	6−3梁厚	檐柱径+1寸	
随梁枋	Σ步距	金柱径	0.8金柱径	随梁与金柱发生关系,穿插枋与檐柱发生关系,枋高取柱径,枋厚可采用柱径减2寸
穿插枋	廊步$+2D$	檐柱径	0.8檐柱径	

②檩三件计算表见表6-7。

表6-7 檩三件计算表

构件名称	长	高	厚	径
檩木 (檐、金、脊同)	随面阔			取檐柱径(D)
檐垫板 老檐垫板	随面阔	$0.8D$	$0.25D$	—
檐枋金枋	随面阔	D	$0.8D$	

第六章 中国古建筑的设计实践

续表

构件名称	长	高	厚	径
金脊垫板	随面阔	0.65D	0.25D	
上金、脊枋	随面阔	0.8D	0.65D	

③木构架各部分标高确定见表6-8。

表6-8 木构架各部分标高确定

项目	计算公式	公制尺寸/米	注释
檐柱柱顶标高			檐步5举
金柱柱顶标高	檐柱柱顶标高＋举高		
檐檩中心线标高	檐柱柱顶标高＋檐垫板＋1/2檩径		
下金檩中心线标高	檐檩中心线标高＋举高		金步7举，脊步9举
上金檩中心线标高	下金檩中心线标高＋举高		
脊檩中心线标高	上金檩中心线标高＋举高		

④瓜柱及角背计算表见表6-9。

表6-9 瓜柱及角背计算表

构件名称	高	断面 宽	断面 厚
金瓜柱	举高＋老檐垫板－金垫板－五架梁高	厚＋1寸	0.8梁厚或梁厚－2寸
脊瓜柱	举高（或按实际尺寸）	厚＋1寸	0.8梁厚或梁厚－2寸
角背	一步架	1/2～1/3脊瓜柱高	1/3自身高

⑤椽径及檐部出挑计算。

椽径＝1/3D(檩径)

望板厚：1/5椽径

上檐出:3/10 檐柱高

檐椽出挑:2/3 上檐出

飞椽出挑:1/3 上檐出

【成果表达】

图纸规格,采用2#绘图纸。图纸质量标准,按照古建筑施工图设计标准。

(1)悬山或硬山建筑平面图(1:50)

(2)木构架横剖面图(1:50)

(3)木构架仰视平面图(1:50)

(4)细部构造详图(1:10～1:20)

四、斗栱

(一)古建筑斗栱概述

斗栱是中国古建筑特有的构件,它经常出现在柱顶额枋之上、檐下或梁架檩枋之间,由呈交错叠置的斗形和弓形木构件构成。在传递荷载、增加外檐出挑、装饰、屋身与屋檐之间过渡连接等方面起着重要的作用。

需要注意的是,不是所有的古建筑都有斗栱,中国古代建筑有着严格的等级之分,在明清时期小式建筑中就不能使用斗栱。

(二)清式斗栱设计实训

【实训项目】

清式斗栱详图绘制。

【实训条件】

某清式大式建筑,外檐为单翘单昂五踩斗栱,斗栱选材为8等材,斗口尺寸为2.5寸(折合公制8cm),试完成其平身科斗栱详图的绘制。

第六章　中国古建筑的设计实践

【项目解析】

一组斗栱需要通过侧立面图、正立面图和仰视平面图来表达。清式单翘单昂五踩平身科斗栱分层构造详见图 6-12。斗栱分层构造解析如下。

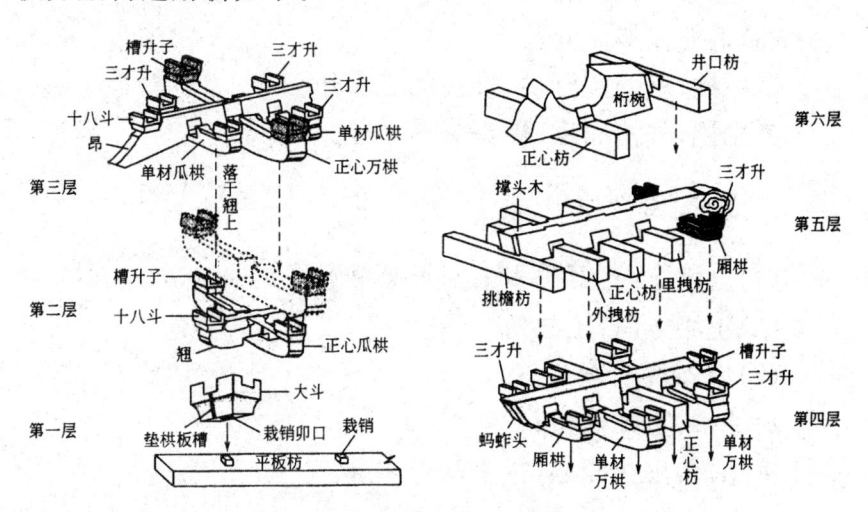

图 6-12　清式单翘单昂五踩平身科斗栱分层构造

1. 第一层构件

坐斗，双向开槽。

2. 第二层构件

(1)出挑方向(纵向)：头翘，跳头落十八斗。
(2)正心方向(横向)：正心瓜栱，栱头槽升子。

3. 第三层构件

(1)出挑方向：昂、昂头及昂尾均立十八斗。
(2)正心方向：正心万栱，栱头槽升子。
(3)里外拽架方向：里外拽瓜，下部落于十八斗上，栱头落三才升。

4. 第四层构件

(1)出挑方向：昂上部水平叠置耍头木。
(2)正心方向：正心枋。
(3)里外拽架方向：
第一挑，里外拽万栱，栱头落三才升；
第二挑，外拽厢栱，栱头落三才升。

5. 第五层构件

(1)出挑方向：耍头木上部水平叠置撑头木。
(2)正心方向：正心枋。
(3)里外拽架方向：
第一挑，里外拽枋；
第二挑，里拽厢栱，栱头落三才升。

6. 第六层构件

在出挑方向水平叠置桁椀，顺面阔方向为枋材及檩桁。

【详图绘制】

1. 侧立面图绘制

侧立面图为剖立面图，从攒档位置剖开，剖到的部分为平板枋、垫栱板、横向联系的枋木、挑檐桁及正心桁。其余构件均为看到的构件。

(1)绘制控制线
分别以横向2斗口，纵向3斗口绘制。
(2)按层绘制构件
①昂头与昂尾绘制；
②蚂蚱头与六分头绘制；
③挑檐桁与正心桁上皮位置的确定，按照举架进行计算。

公式：

第六章　中国古建筑的设计实践

L=X/2×3

式中 L——从挑檐桁上皮至正心桁上皮之间的垂直距离。

X 为斗栱出挑数。

(3)注意尺寸标注

2. 正立面图绘制

(1)绘制控制线。注意,控制线变为 3.1 斗口(瓜栱边线),4.6 斗口(万栱边线)和 3.6 斗口(厢栱边线)。

(2)注意前边栱件对后边栱件的遮挡。

(3)绘出平板枋、挑檐枋、挑檐桁、正心桁可见轮廓线。

(4)注意尺寸标注。

3. 仰视平面图绘制

(1)绘制控制线,进深方向以 3.0 斗口,面阔方向以 3.1 斗口、3.6 斗口、4.6 斗口控制各拽栱边线。

(2)注意斗底的仰视,为四方锥台。

(3)注意十八斗的表达。

(4)注意尺寸标注。

【成果表达】

图纸规格,采用 2#绘图纸。图纸质量标准,按照古建筑施工图设计标准。

(1)清式单翘单昂五踩·平身科斗栱侧立面图(1∶20)

(2)清式单翘单昂五踩·平身科斗栱正立面图(1∶50)

(3)清式单翘单昂五踩·平身科斗栱仰视平面图(1∶50)

(4)清式单翘单昂五踩·平身科斗栱构件统计表

【成果示意】

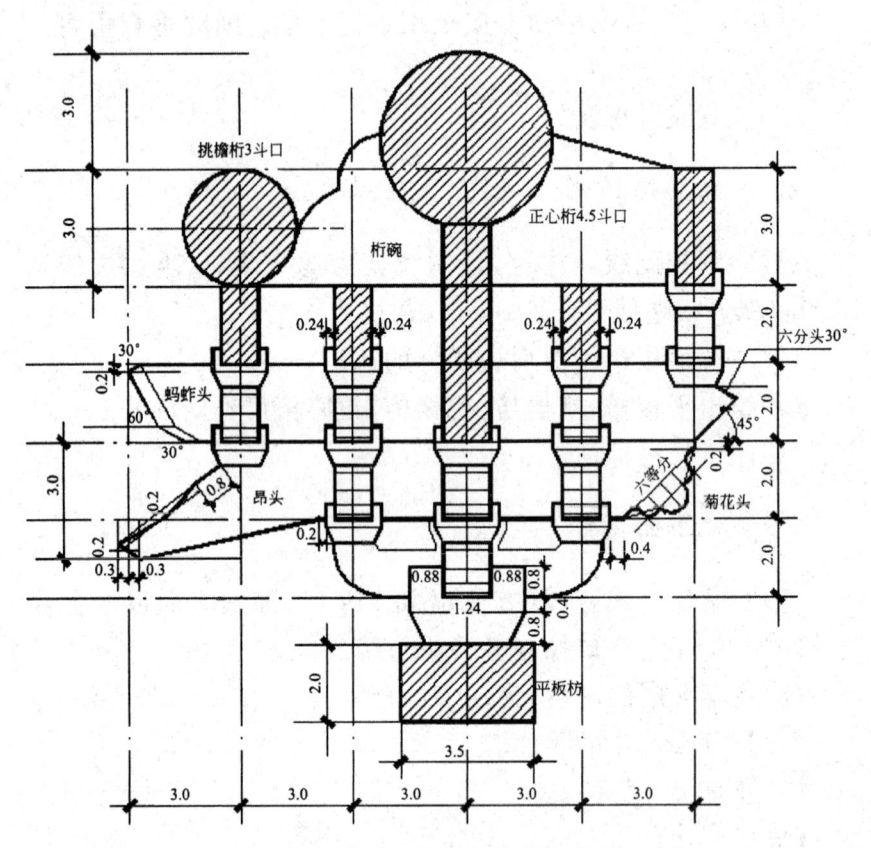

图 6-13 清式单翘单昂踩平身科斗栱侧立面图（单位：斗口）

第六章　中国古建筑的设计实践

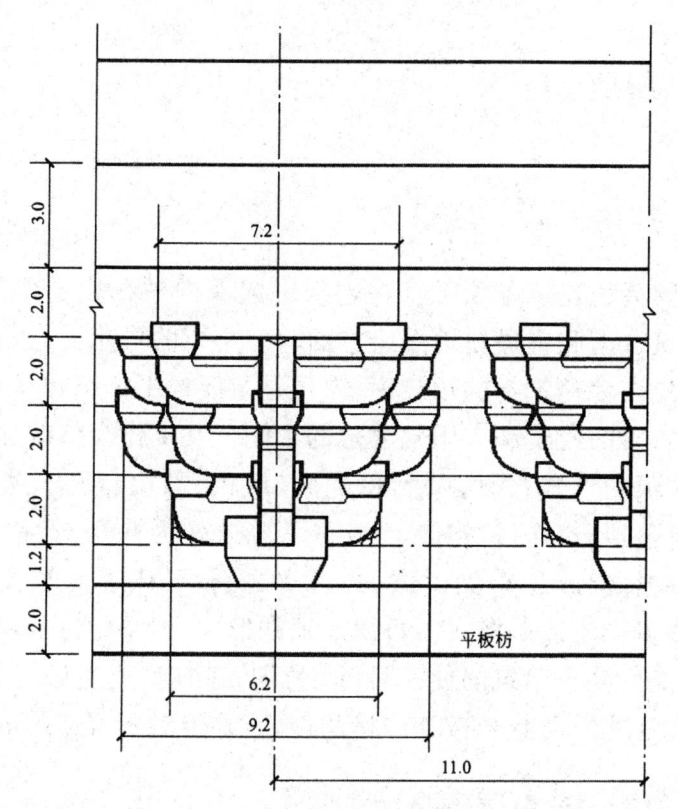

图 6-14　清式单翘单昂踩平身科斗栱正立面图(单位:斗口)

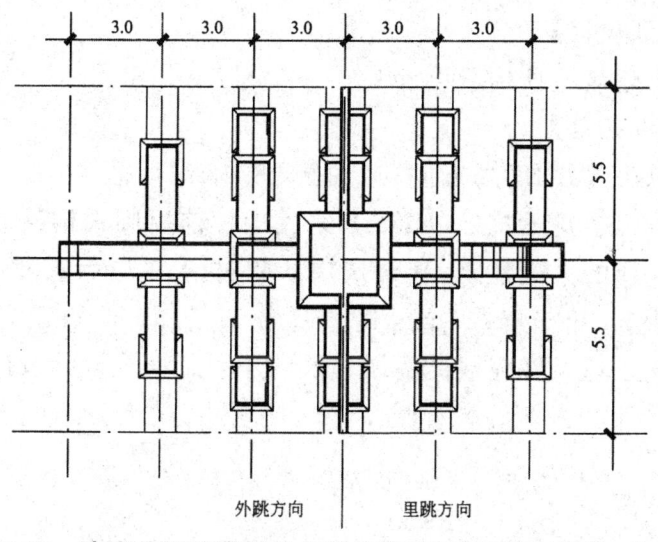

图 6-15　清式单翘单昂踩平身科斗栱仰视平面图(单位:斗口)

五、屋顶

(一)古建筑屋顶概述

中国传统建筑屋顶不仅在建筑中起着围护结构的作用,而且在建筑造型和彰显建筑等级方面起着重要的作用。

首先作为建筑物的顶界面,屋顶是重要的围护结构构件,抵抗风、雨、雪的侵袭和太阳辐射热的影响。其次作为传统建筑的上段,屋顶的形式多种多样,以庑殿、歇山、悬山、硬山、攒尖为主,还有盔顶、勾连搭、抱厦、十字顶等形式作为补充;既有单檐、重檐、多檐之分,还有尖山式、圆山式之别,形成了屋顶变化丰富、多姿多彩的造型样式。再次屋顶的形式、屋脊做法和屋顶瓦饰等均能反映出建筑的使用性质、类别,建筑物业主的身份、地位等,在这些方面有着极为严格的规定,是绝对不可逾越的。

(二)歇山建筑屋顶设计实训

【实训项目】
歇山建筑屋顶构造设计[①]。
【实训条件】
某歇山建筑,面阔五间(通面阔 18.48m,明间 4.4m,次、梢间 3.52m),进深七檩(10.56m),采用七檩前后廊式构架。该建筑为带斗栱的大式建筑,建筑选用 8 等材,1 斗口=8cm。上檐出尺寸为 27 斗口(2.16m),其中檐出 21 斗口,斗栱出踩 6 斗口。根据上述条件完成此庑殿建筑的屋顶平面图设计及屋面局部构造设计。

---

① 刘大可.中国古建筑瓦石营法[M].北京:中国建筑工业出版社,1993

第六章　中国古建筑的设计实践

【项目解析】

1. 实训任务

(1)歇山建筑屋顶平面图设计

内容包括:屋面外轮廓线的确定(包含了冲三翘四);歇山建筑山花板外边线位置的确定;屋面瓦件样数的确定;分中号垄,正脊吻兽、垂脊垂兽、戗脊戗兽投影尺寸与位置的确定。

(2)歇山建筑屋面局部构造设计

内容包括:正脊剖面,垂脊剖面,戗脊兽前、兽后剖面,博脊剖面,瓦件大样图。

2. 项目解析

(1)确定选用琉璃屋顶还是大式黑活屋顶

(2)完成屋顶平面图设计

①屋面外轮廓线确定,房屋的面阔、进深向外平移出上檐出的尺寸——在转角部位找到翼角的起翘点——按照冲三翘四的法则,定出翼角端点。

②根据清式收山法则确定两山坡面的上边线。

③根据椽径选择屋面筒瓦的样数;根据筒瓦样数选择正脊、正吻,垂脊、垂兽,戗脊、戗兽,博脊的样数。

④根据垂兽与戗兽位置确定法则,确定它们的位置。

⑤按照分中号垄的法则排屋面的瓦垄线。

⑥注写屋面瓦材、构件名称等。

(3)完成歇山屋顶各类脊的剖面设计

①各类脊的构造层次的确定。

②各类脊构造高度与厚度的确定。

【成果展示】

图纸规格采用2♯图纸,墨线绘制

(1)歇山建筑屋顶平面图设计(1∶50)

(2)正脊剖面图(1∶10)

(3)垂脊剖面图(1∶10)

(4)戗脊兽前、兽后剖面图(1∶10)

(5)博脊剖面图(1∶10)

(6)瓦件大样图(比例自定)

六、木装修

(一)古建筑木装修概述

木装修又称为小木作,分为外檐装修和内檐装修,外檐装修主要指古建筑室外或分隔室内外的木装饰构件,如门窗、挂落、坐凳楣子、栏杆等。内檐装修主要指安装在古建筑室内,用来分隔和限定空间的木隔断、罩、博古架、天花、藻井等。内、外檐装修是体现中国传统建筑独特民族风格的重要组成部分。

(二)单体古建筑门窗装修设计实训

【实训项目】

古建筑门窗详图绘制。

【实训条件】

(1)专业指导教师可自选古建筑门窗详图实例作为实训案例,要求提供唐宋时期及明清时期的门窗详图各一套;图纸包括有完整的平、立、剖面图;有详细、规范的尺寸标注。

(2)专业指导教师也可根据下面所提供的门窗详图实例安排实训,详见图6-16和图6-17。

第六章　中国古建筑的设计实践

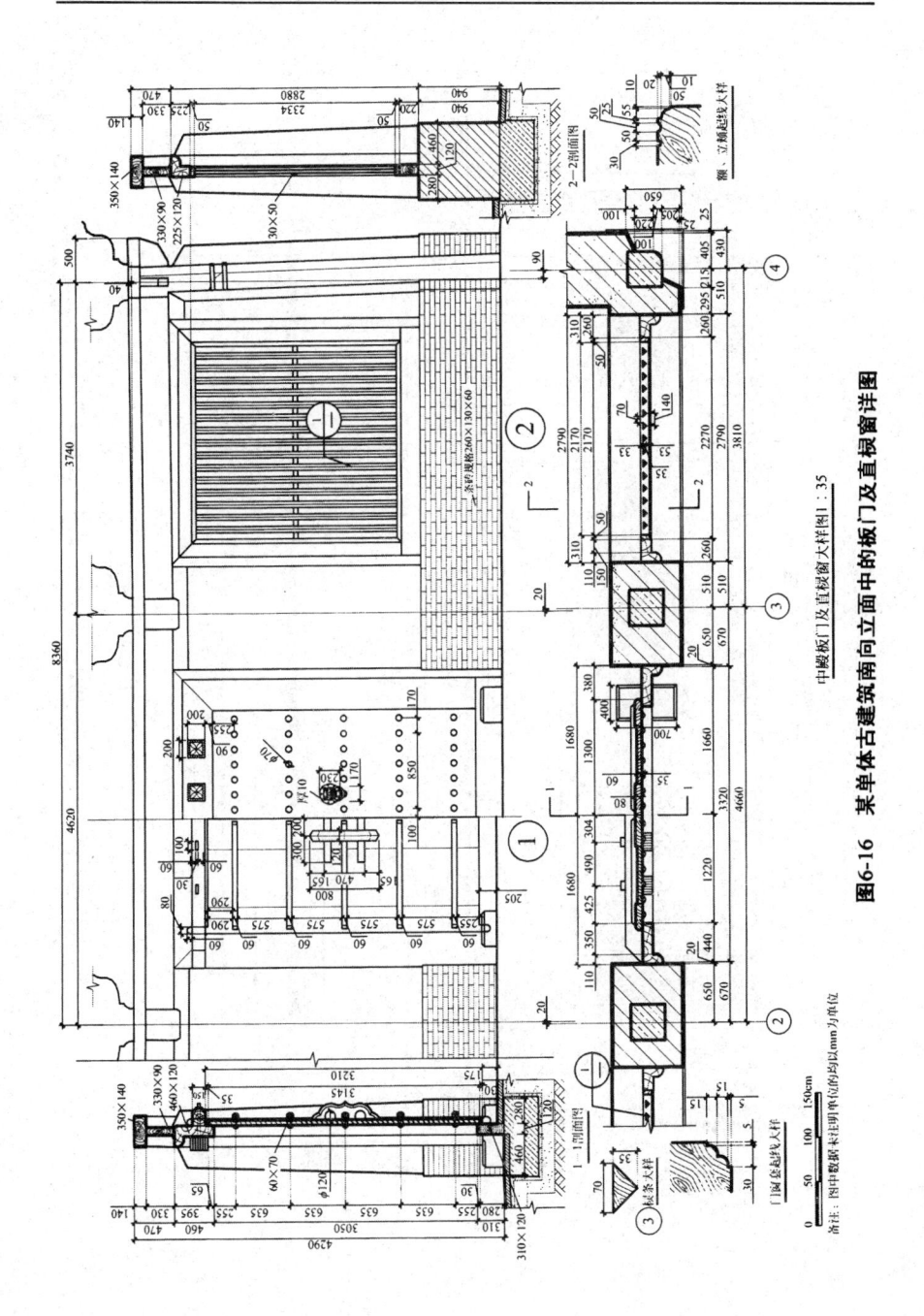

图6-16　某单体古建筑南向立面中的板门及直棂窗详图

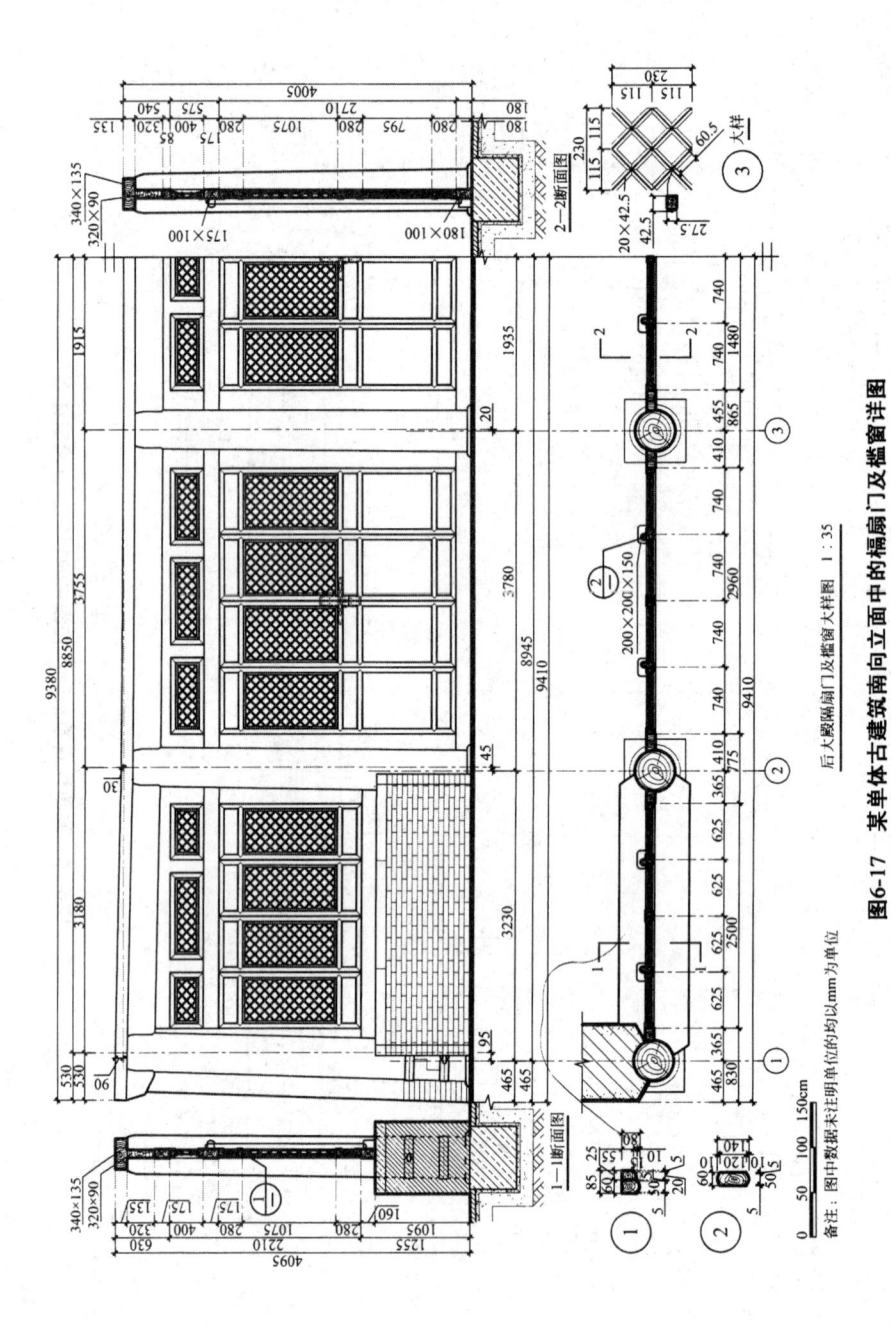

中国古建筑艺术理论与设计方法研究

图6-17 某单体古建筑南向立面中的槅扇门及槛窗详图

七、彩画

(一)古建筑彩画概述

油漆彩画的作用有四：一是保护木构架，起到防潮、防腐、防虫蛀等作用；二是装饰美化建筑构件；三是体现建筑的等级；四是在宗教建筑中，彩画还通过不同的绘画主题来教化世人，起到寓教于乐的作用。

油漆是以植物性油料（桐油、大漆等）为主要原料，采用不同的施工工艺涂覆在物件表面，形成附着牢固、具有一定强度、连续的固态薄膜。彩画是于木构表面涂绘的色彩装饰画。油漆彩画是中国古代建筑装饰中最突出的特点之一，早在《礼记》中记载："楹，天子丹，诸侯黝，大夫苍，士黈。"这段文字说明当时柱子上已涂有颜色，并有了等级的差别。从成语"雕梁画栋"中也能够看出在高等级的建筑中彩绘装饰往往是建筑装饰的主要手段之一。

(二)额枋彩画设计实训

【实训项目】
额枋彩画设计。
【实训条件】
(1)教师提供或实测某古建筑外檐额枋部位各构件具体尺寸。
(2)按实际尺寸等比例缩放，只绘制实际构件的1/2。
(3)选取清式三大彩画中一种进行设计。
【项目解析】
以龙和玺彩画为例：
(1)大木部分按分三停规则构图，设箍头、找头、枋心。如构件较长，设两条箍头，在两条箍头之间加盒子。凡枋心线、岔口线、皮条线、圭线光等造型均采用折形斜线。

(2)枋心:内画行龙。

找头:绿色内画降龙,蓝色内画升龙。

线光子心:青地画灵芝,绿地画菊花。

盒子:盒子画坐龙或升龙,避免与找头龙纹雷同。

盒子岔角:岔角画五彩云或切活,二青地切葵花纹,二绿地切水纹。

由额垫板:红底画行龙,并左右对称。

(3)色彩规则:以上各部位的所有龙纹及主体框架大线,全部沥粉贴金,片金做法。相邻部分的图案色彩,以青绿两色互相调换运用为原则(绿箍头,绿楞线;青箍头,则为青楞线)。

【成果展示】

在 A2 水彩纸(或水粉纸)上完成和玺彩画、旋子彩画或苏式彩画平面渲染图。

第三节　中国古建筑设计实例

一、张国焘故居修复设计

张国焘是五四运动中的学生领袖,中国共产党早期领导人之一。其故居在江西省上栗县,已被列为重点文物保护单位,但因年久失修,破败不堪。江西省萍乡市和上栗县政府十分重视,决定投入资金予以修复。

张国焘故居本来是一个大家族聚居的大规模民宅,总体平面就是一个完整的"王"字形格局,中间主轴线上是张国焘祖父居住,两边分别横向伸出三条支轴线,分别居住着张国焘的父亲及其五兄弟的六个小家庭,张国焘的父亲和他的家庭就住在"王"字的下面一横的左边(图 6-18)。因为主体建筑的大部分

第六章 中国古建筑的设计实践

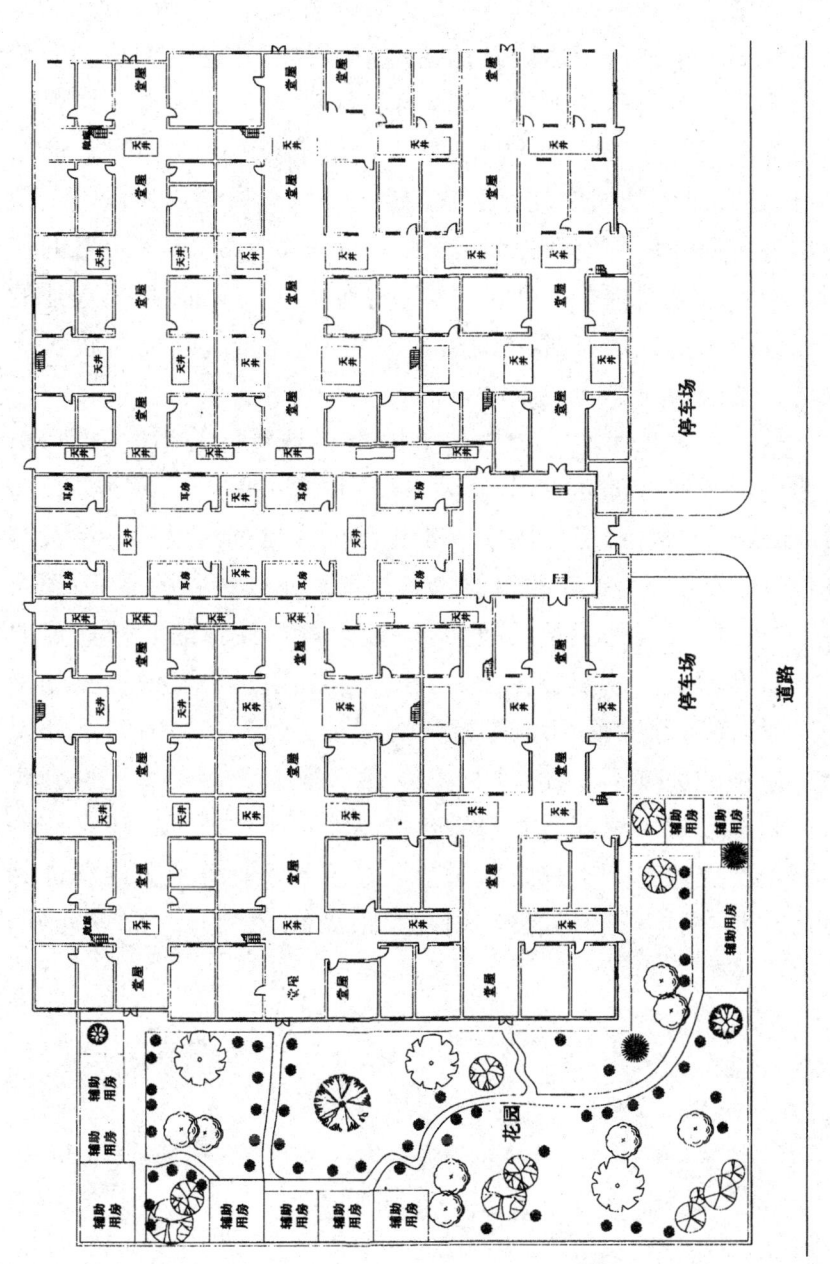

图6-18 复原总平面图

已经被毁,要恢复原样主要依据三个方面:一是对现存部分的建筑和遗迹进行现场测绘调查;二是现场采访当地老人和见证人;三是根据对类似的民居建筑的研究成果进行推测。在这一设计依据中第一条的作用非常有限,因为保存下来的建筑只是很小的一部分;第二条也只能确定一个大体的格局,即"王"字形布局,但是具体的建筑布局、天井位置、房间分隔、建筑式样等全都要靠过去研究所得经验来推测;第三条非常重要,起了主要的作用。我们过去对南方一些地方,如湖南、江西、湖北、贵州等地的大家族聚居的民居有过较深入的研究,掌握了这种民居建筑布局的一般规律。

这一设计项目中一个比较大的难点是屋顶关系的处理,由于张国焘故居建筑群规模较大,而且屋顶和屋顶互相穿插、连接,形成一个整体,因而决定一个屋顶的高度的时候就会涉及与其他屋顶的关系,修改的时候也是如此。不仅屋顶的高低,还有一个重要的因素是屋顶的坡度,在做建筑群设计的时候一定要注意所有屋顶的坡度要保持一致。这样,在两个屋顶垂直相交的时候,在屋顶平面图上其相交线才能是 45°(图 6-19)。如果两个屋顶的坡度不一样,其相交线就不是 45°,在立面上也会难看。张国焘故居建筑群共有数十个大小不同的屋顶,在它们的剖面图上决定其大小、高低、坡度,又要比对平面图上谁和谁相交,谁和谁相连,进而调整它们的大小高低,很费了一番脑筋(图 6-20)。

图 6-19 屋顶剖面

第六章 中国古建筑的设计实践

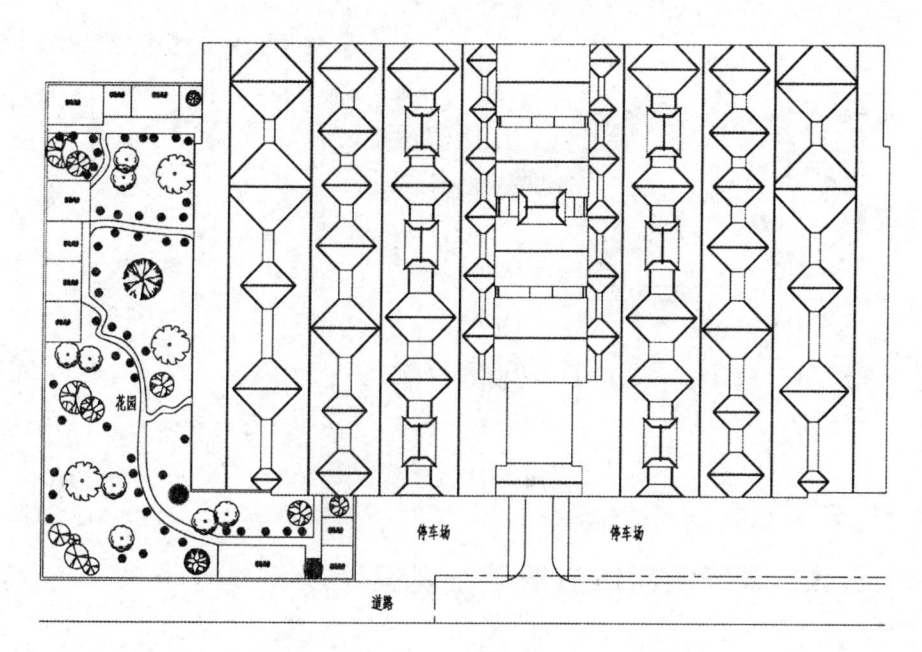

图 6-20 屋顶平面

按老人回忆，张国焘故居中每一条轴线上都有一个罩亭，但是现存的建筑中一个罩亭都没有保存下来。所谓"罩亭"，是南方天井庭院建筑中常见的一种建筑物，即在两进建筑之间的天井上方高高耸起一个屋顶，把天井盖住，使雨不能下到天井中，但四周透空可以采光通风（图 6-21）。因为在我们过去的研究中，对罩亭这种建筑已经很熟悉了，所以当老人讲到张国焘故居中有罩亭时，我们立刻就知道了它的基本情况，不仅知道罩亭本身的式样和结构，而且知道和罩亭相关的平面布局以及与周边建筑的关系。这一点也是我们决定整个建筑群造型的一个重要因素。张国焘故居修复工程已于 2011 年 5 月完工。

在这个设计项目中充分体现了一个道理，做古建筑设计一定要有对古建筑的研究，不能只满足于一般的了解，更不能只是依样画葫芦。

图 6-21 罩亭

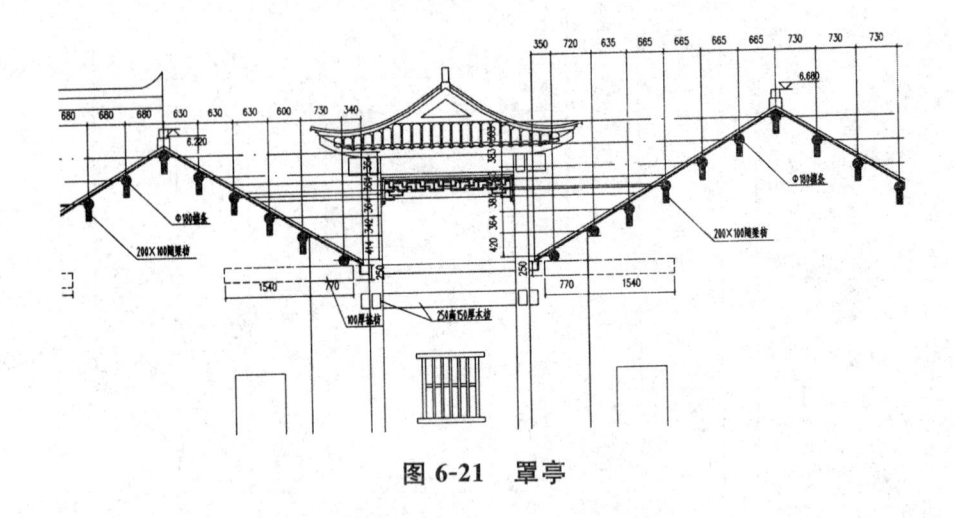

二、韩国临时政府旧址修复设计

长沙市潮宗街楠木厅 6 号是当年韩国临时政府旧址。由于历史的原因,这段重要的历史竟逐渐被遗忘。里面住了很多普通居民,建筑已经非常破旧。2005 年市政府决定修复这栋有历史纪念意义的建筑。

楠木厅 6 号是一栋楼阁式的城市民居,原来这栋建筑西端还有一栋两层的小楼,在主体建筑和小楼之间有一条小巷穿过。而这两栋建筑在二层上面是相连的,小巷从下面穿过,这就是过去长沙城中常见的"过街楼"。遗憾的是西边那栋小楼和过街楼都已经被拆掉了,西边建成了一栋毫无价值的普通住宅,过街楼被拆掉后小巷依然还在,并且现存建筑的外墙上原来过街楼建筑的痕迹都还在。

修复设计是在修复主体建筑的同时重建西边的小楼和过街楼,恢复原来的面貌。但是由于拆迁、经济等现实的原因,西边的小楼重建暂时难以实现,小楼不能重建就意味着过街楼也不能重建,这成为了这一工程最大的遗憾。不过在修复设计上,例如平面布局和内部功能等方面都留下了一个伏笔,以为将来条件可能的时候继续下一期工程恢复小楼和过街楼。这种情况也是中国目前条

第六章 中国古建筑的设计实践

件下复原古建筑常有的事,也是中国古建筑设计的一种特殊性。

这座建筑本来就很小,但由于现实情况种种原因,虽2005年就完成了设计,但直到2009年才完工(图6-22)。修复完成后,作为抗战时期韩国临时政府旧址,陈列相关历史资料对外开放参观。现在来此参观的韩国游客每天都有数百人,成了韩国人心目中的"圣地"。

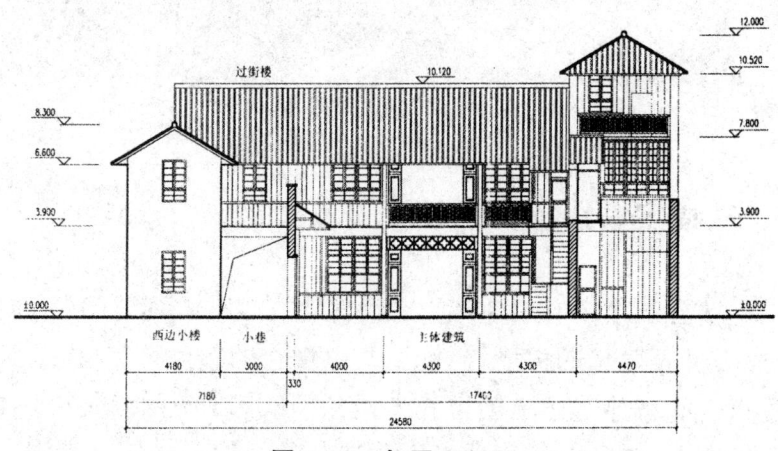

图 6-22 复原立面图

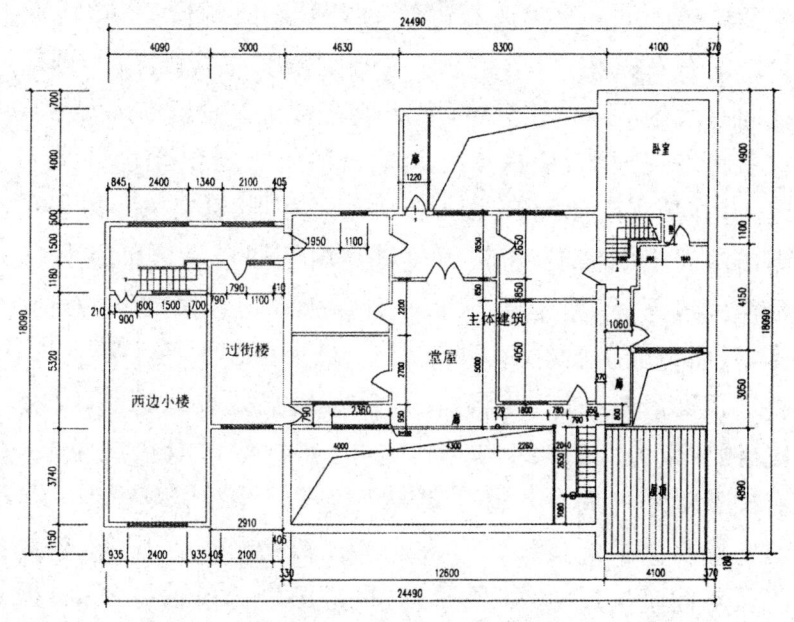

图 6-23 二层复原平面图

图 6-24　复原效果图

三、惜字塔修复保护设计

望城县茶亭镇有一座叫"惜字塔"的古塔，上面长着一颗古树，成为世界罕见的树塔奇观，中央电视台的新闻节目中都曾有过报道。此塔建造于清朝道光十八年(1837)，5 层楼阁式塔，内部可以上人，塔身全部用花岗石建造。其结构形式较为特别，由内外两层约 30cm 厚花岗石砌筑的塔壁组成两层筒体，内筒和外筒之间有石条相连接，组成一个稳定的双层筒体结构，两层筒体之间有大约 20cm 的空隙，中间填充黄土。塔建成后不久，一次雷击将塔顶毁坏，使塔壁之间填充的泥土露出。也许是风的原因，也许是鸟的原因，有朴树(民间称为"野胡椒树")树种在顶部露出的泥土中生根，树根通过塔身内两层塔壁之间的泥土一直延伸到地下，营养充足，长成一棵参天大树。塔的年龄只有一百多年，而树龄也已经有百年以上。然而由于大树不断生长，树根将塔顶部严重破坏，并将塔身挤裂，最宽处裂缝达到 10 多厘米宽(图 6-25)。塔体结构受到破坏，如再不采取措施抢救，塔会有破裂倒塌的危险。地方政府相关部门委托修复设计人员研究制定修复保护的措施。有人建议让树死亡以保住塔，修复设计人员对此坚决反对，如果没有树，这座塔的价值并不高，但是有了树，世界罕见，其价值不可估量。修复人员希望在将塔修复

第六章 中国古建筑的设计实践

加固的同时把树也保护下来。

图 6-25 惜字塔被破坏情况

惜字塔修复工作进行之初,组织了一个由建筑、结构、树木植物等多方面专家组成的团队,共同研究,制订方案。第一步是进行各种技术上的检测、探查,包括对塔身的受破坏程度,塔身石块的断裂、风化状况,塔身内树根的走向等各方面的问题全部了解清楚(图 6-26 至图 6-28)。然后再制定修复、保护的措施,内容包括三个方面:一是建筑的修补、复原;二是结构的加固;三是控制塔顶大树的生长速度。这其中最主要的、最有特色的,也是难度最大的是结构加固的问题。因为此塔的修复加固与其他古建筑常见的倾斜、破损、变形等情况不同,它是一个内部的力(树根)向外顶推,而且这个顶推力仍然存在,还在继续。按这种情况,一般常用的方法应该是打箍,即像给一个木桶打箍一样,用钢材给塔打一个箍。但考虑到一方面在石塔外面打铁箍会破坏它的外观形象,另一方面钢铁在露天中很快会氧化锈蚀。也考虑了用新型材料高强碳纤维缠绕打箍,因为碳纤维像布一样薄,贴在塔的表面可以在其外面再喷涂调入碎石乳胶外墙漆,以模仿石头表面的材质。这一方法看来比较合适,但是在实际上还是有问题。例如在遇到门洞窗洞的时候,碳纤维布不太好处理,若石头表面有雕刻装饰时也不能用碳纤维把它遮盖。

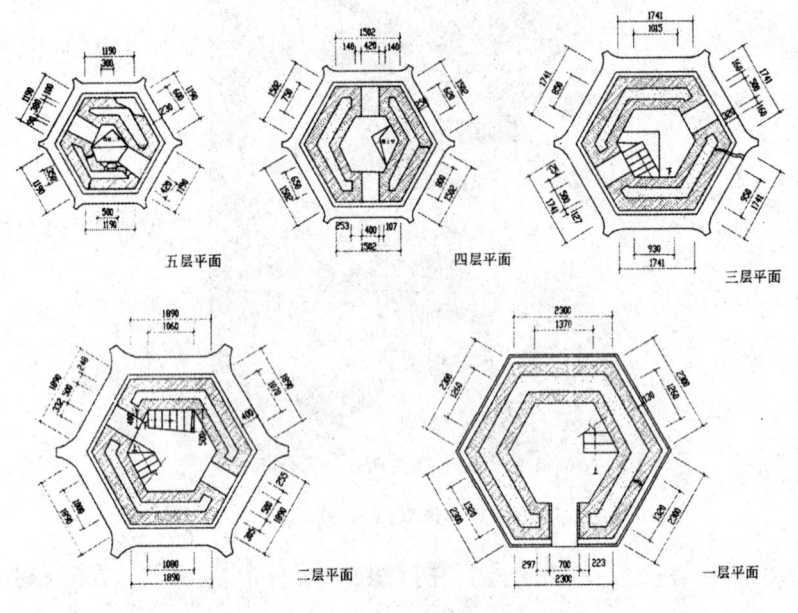

五层平面　　四层平面　　三层平面

二层平面　　一层平面

图 6-26　现状调查测绘平面图

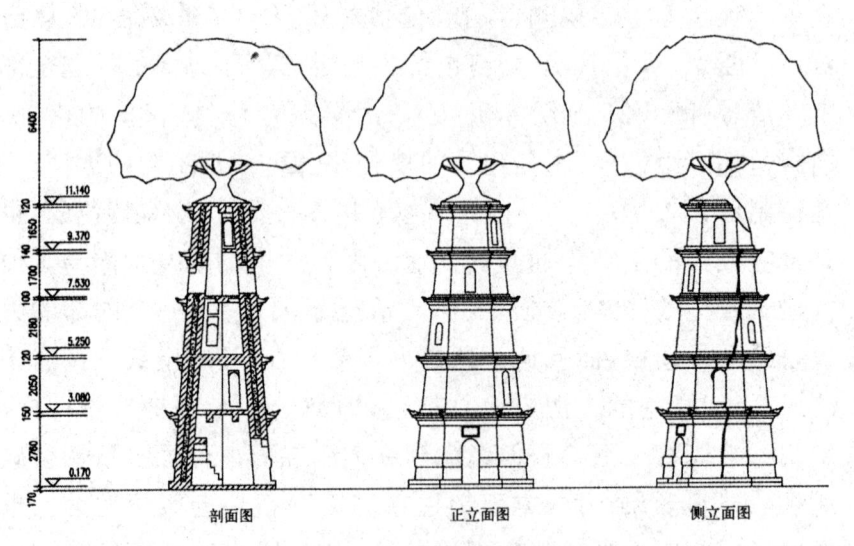

剖面图　　正立面图　　侧立面图

图 6-27　现状调查测绘立面图、剖面图

第六章　中国古建筑的设计实践

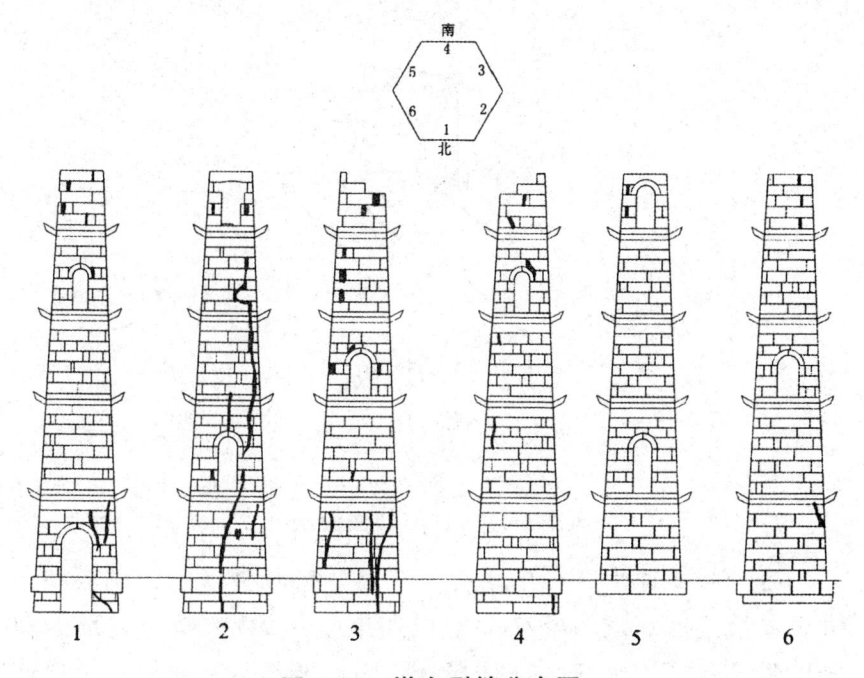

图 6-28　塔身裂缝分布图

　　最后综合比较用钢铁打箍或碳纤维的方法都不理想,本人设想了一种在石块内部加钢筋的方法。在砌筑的同一层石块的顶面凿一条直槽,至少要跨过两块石块,嵌入钢筋。特别是在塔边转角处,一定要让钢筋跨过转角,连接两边的石块(图 6-29)。当砌筑上面一层石块的时候,就把下面一层石块顶上的钢筋埋没进去了。钢筋应尽可能粗一些,直径至少应在 14mm 以上,以达到一定的强度。这种做法的基本原理实际上还是打箍,只不过是做了一个"内箍",埋藏在里面。它起到了"箍"的作用,同时又不露在外面影响外观形象,还保护了铁箍不会锈蚀。实际上这种做法不只是可以用在古塔的修复加固中,即使是新做的塔也可以用这种方法来加强其坚固程度。

钢筋
嵌入槽内

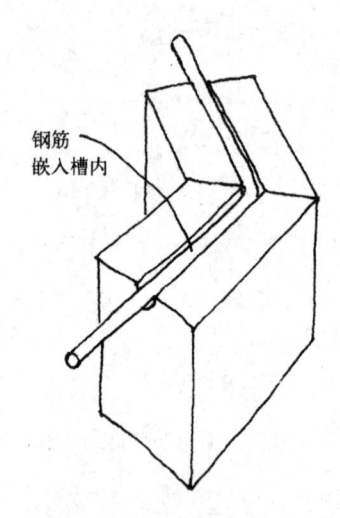

图 6-29　钢筋加固做法

　　这一修复保护工程中还有一个特殊的任务——控制塔顶大树的生长速度。因为塔顶上的树如果生长太快,塔身内部的树根长粗,很快又会出现同样的问题,因此要尽量减慢树的生长速度。现在常用的有以药物的方法(包括注射等手段)控制树木的生长速度,但树木植物方面的专家经过研究决定采用剪根的方法。因为用药物的方法目前并不很可靠,药物用少了达不到目的,用多了又可能导致树木死亡。用剪根的方法是在塔的周围开挖一条沟槽,选取适当的位置剪除大树的部分根系,以使它减慢生长速度(图 6-30)。

　　这一工程规模不大,但难度很大,设计的难度也很大,不仅要经过很多研究才能决定设计方案,而且设计的内容要非常精细,包括施工过程都得精心设计。例如在修复塔的过程中怎样保证大树不会倾倒,在施工过程中怎样保证树不会受伤,还要借冬天落叶以后大树重量最轻的时候施工,如此等等,这些都是在设计的阶段就要考虑的问题。为此搭建了一个庞大的脚手架,其主要目的还不是为了建筑施工,而是为了支撑大树的重量,保证施工过程的安全(图 6-31)。

第六章 中国古建筑的设计实践

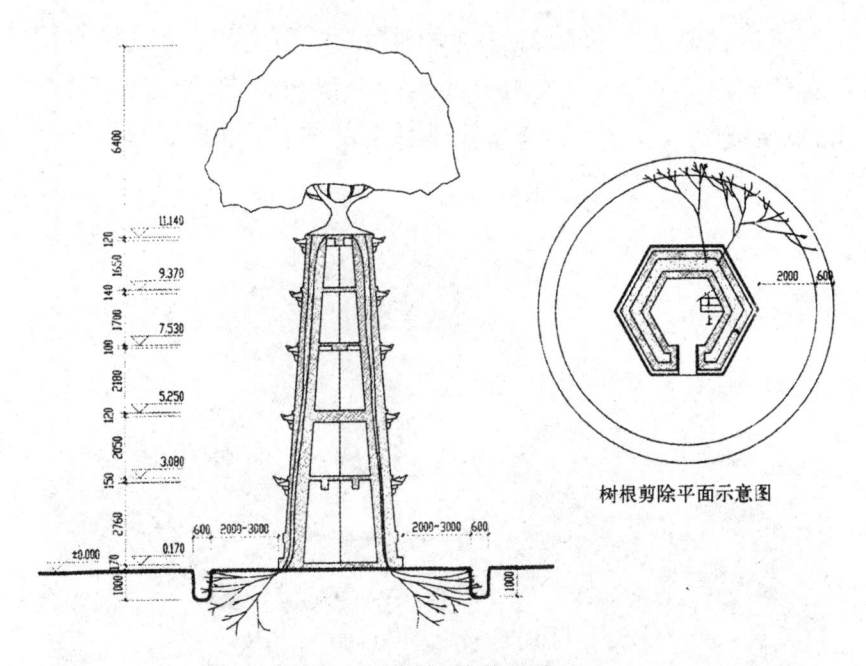

图 6-30 树根剪除示意图

图 6-31 施工前固定大树实景图

最后在修复工程全部完成之后,本人还不能完全放松心情。只有等到第二年春天,大树上的新叶全部长出,证明大树非常健康,没有受到任何损害,这才算是最后的成功(图 6-32)。

图 6-32　修复后实景图

参考文献

[1]薛宝玉.中国古建筑概论[M].北京:中国建筑工业出版社,2015

[2]赵琛.古建筑修缮工程施工细节详解[M].北京:化学工业出版社,2014

[3]梁思成.中国建筑史[M].天津:百花文艺出版社,2005

[4]张义忠,赵全儒.中国古代建筑艺术鉴赏[M].北京:中国电力出版社,2012

[5]田永复.中国仿古建筑构造精解[M].北京:中国建筑工业出版社,2013

[6]王晓华.中国古建筑构造技术[M].北京:化学工业出版社,2013

[7]柳肃.古建筑设计理论与方法[M].北京:中国建筑工业出版社,2011

[8]楼庆西.中国古建筑二十讲[M].北京:中国出版集团,生活·读书·新知三联书店,2004

[9]孙大章,喻维国.中国美术全集宗教建筑[M].北京:中国建筑工业出版社,1988

[10]潘谷西.中国建筑史[M].北京:中国建筑工业出版社,2009

[11]徐伦虎.中国古建筑密码[M].北京:测绘出版社,2010

[12]王其钧.华夏营造·中国古代建筑史[M].北京:中国建筑工业出版社,2005

[13]王小回.中国传统建筑文化审美欣赏[M].北京:社会

科学文献出版社,2009

[14]刘敦桢.中国古代建筑史[M].北京:中国建筑工业出版社,1984

[15]侯幼彬,李婉贞.中国古代建筑历史图说[M].北京:中国建筑工业出版社,2002

[16]史健.图说中国建筑史[M].杭州:浙江教育出版社,2001

[17]江堤.书院中国[M].长沙:湖南人民出版社,2003

[18]王振复.中国建筑的文化历程[M].上海:上海人民出版社,2000

[19]王世仁.中国建筑美学论文集 理性与浪漫的交织[M].北京:中国建筑工业出版社,1987

[20]徐跃东.民居建筑纤巧神韵古民居[M].北京:中国建筑工业出版社,2007

[21]刘致平.中国建筑类型及结构[M].北京:中国建筑工业出版社,2000

[22]樊凡.桥梁美学[M].北京:人民交通出版社,1987

[23]贺业钜.中国古代城市规划史[M].北京:中国建筑工业出版社,1996

[24]杨宽.中国古代都城制度史研究[M].上海:上海古籍出版社,1993

[25]张驭寰.中国古代建筑技术史[M].北京:科学出版社,1985

[26]萧默.萧默建筑艺术论集[M].北京:机械工业出版社,2003

[27]杨鸿勋.宫殿考古通论[M].北京:紫禁城出版社,2001

[28]周维权.中国古典园林史[M].北京:清华大学出版社,1990

[29]孙宗文.中国建筑与哲学[M].南京:江苏科学技术出版社,2000

[30]李允鉌.华夏意匠[M].香港:香港六合出版社,1978

[31]张良皋.匠学七说[M].北京:中国建筑工业出版社,2002

[32]吴庆洲.建筑哲理、意匠与文化[M].北京:中国建筑工业出版社,2005

[33]罗杰·斯克鲁顿著,刘先觉译.建筑美学[M].北京:中国建筑工业出版社,2003

[34]侯幼彬.中国建筑美学[M].哈尔滨:黑龙江科技出版社,1997

[35]王其亨.风水理论研究[M].天津:天津大学出版社,1996

[36]何晓昕.风水探源[M].南京:东南大学出版社,1990

[37]潘洪萱.古代桥梁史话[M].北京:中华书局,1982

[38]沈福煦.中国古代建筑文化史[M].上海:上海古籍出版社,2001

[39]罗哲文.中国古代建筑精华[M].郑州:大象出版社,2005

[40]陆元鼎,杨谷生.中国美术全集民居建筑[M].北京:中国建筑工业出版社,1988

[41]于倬云,楼庆西.中国美术全集宫殿建筑[M].北京:中国建筑工业出版社,1988

[42]白佐民,邵俊仪.中国美术全集坛庙建筑[M].北京:中国建筑工业出版社,1988

[43]王其亨.中国建筑艺术全集明代陵墓建筑[M].北京:中国建筑工业出版社,2000

[44]文化部文物保护科研所.中国古建筑修缮技术[M].北京:中国建筑工业出版社,1983

[45]李武.中式建筑制图与测绘[M].北京:中国建筑工业出版社,2013

[46]北京市建设委员会.中国古建筑修建施工工艺[M].北

京:中国建筑工业出版社,2007

[47]王贵祥.老会馆——古风:中国古代建筑艺术[M].北京:人民美术出版社,2003.

[48]钱正坤.中国建筑艺术史[M].长沙:湖南大学出版社,2010.